한국의 성곽

글/반영환 ● 사진/최진연

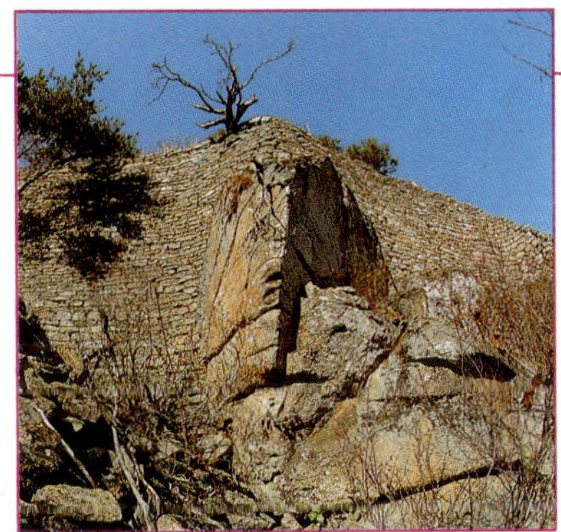

대원사

반영환
서울신문 문화부장, 편집부국장, 주간,
국장, 이사 역임. 문화재전문위원, 향
토축제개선위원을 지냈다.
1975년 서울신문사 '한국의 성' 연재
로 한국기자상을 받았으며 『한국의 성
곽』(세종대왕 기념사업회)을 펴냈다.

최진연
제6회 대한민국 사진전 대상을 수상하
였다. 1998년 '아메리카의 인상'이란
주제로 제1회 개인전을 가졌고 1991년
'한국의 옛 성곽' 주제로 2회 개인전을
열었다. 대한사진예술가협회 총무이사
를 지냈다.

한국의 성곽

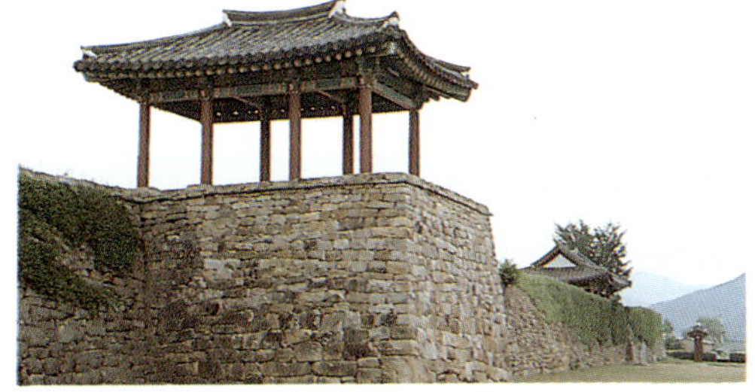

한국의 성곽

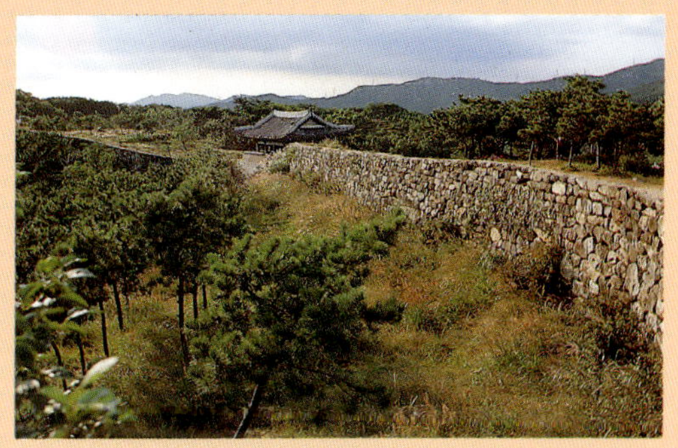

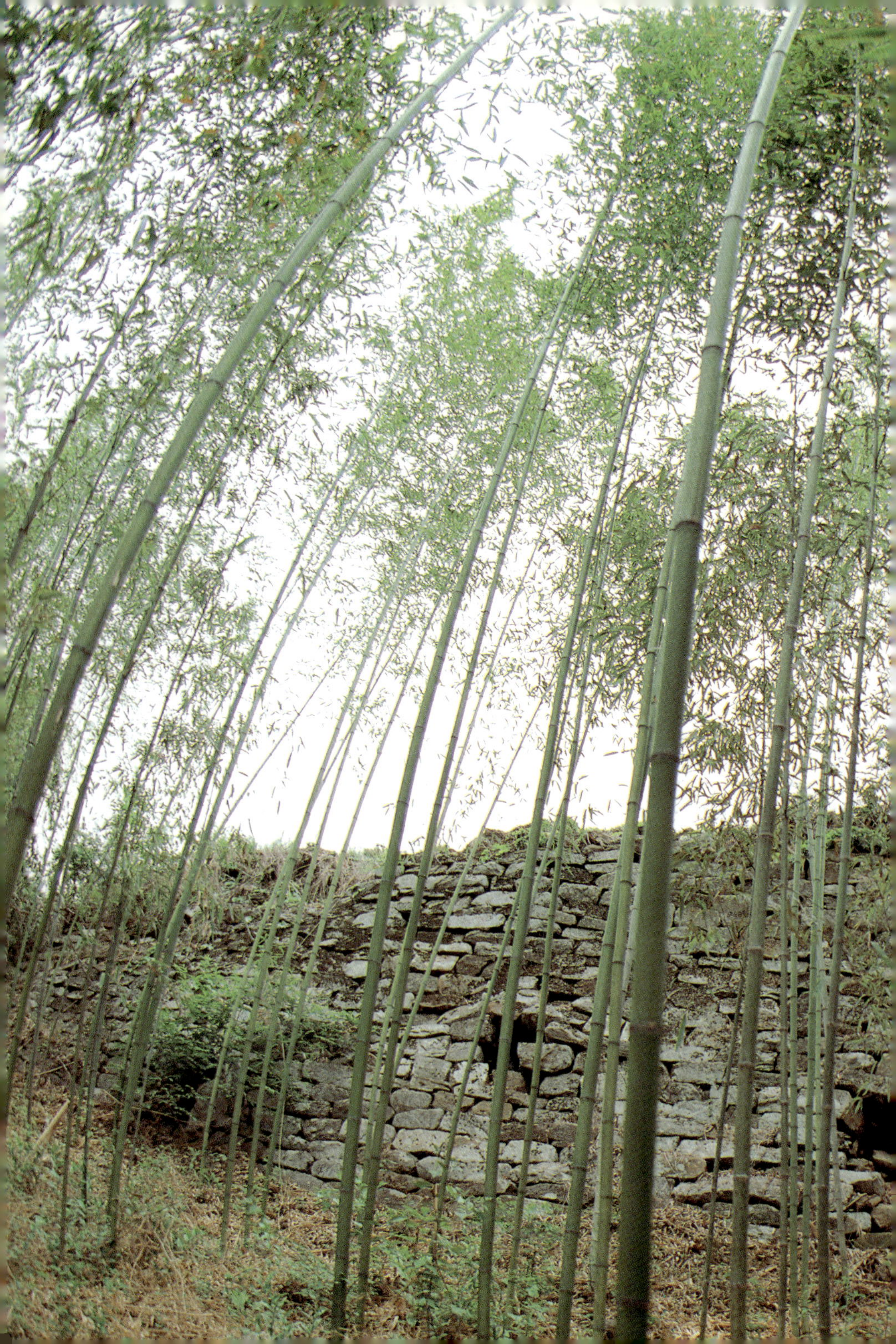

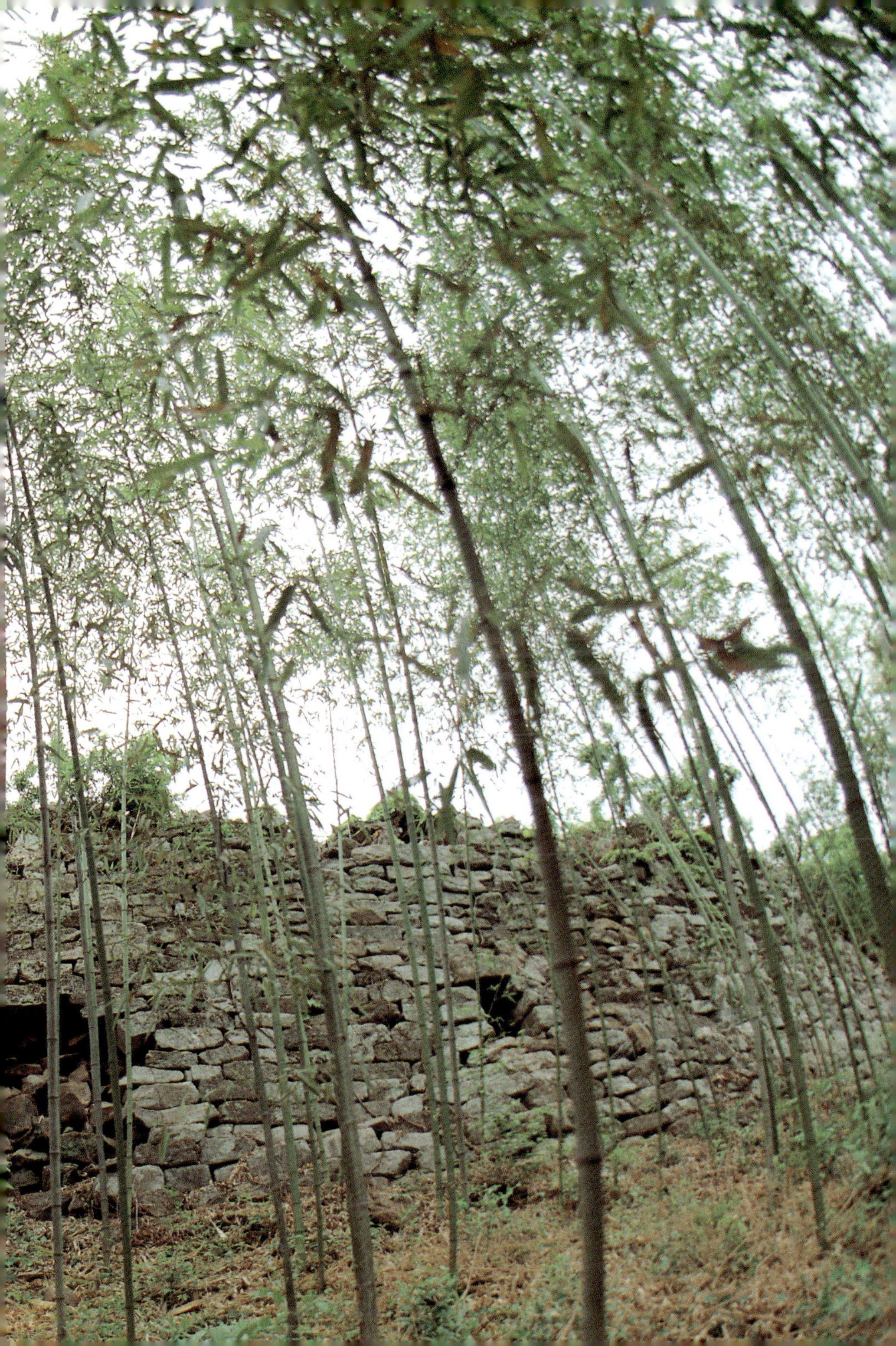

성곽의 기원

 우리나라 전국에는 수많은 성곽이 남아 있다. 높은 산에는 산성(山城)이 있고 야트막한 산에는 토성(土城)이 있으며 평지나 바닷가에서는 퇴락했지만 역사의 이끼가 덮인 읍성(邑城)의 성벽을 만날 수 있다.

 이러한 성곽 유적은 우리 조상들이 삼국시대 이래 끊임없이 이어진 외적의 침입에 맞서 이 강토를 지키려 했던 호국 의지의 표상(表像)이라 하겠다.

문경 새재 제1관문

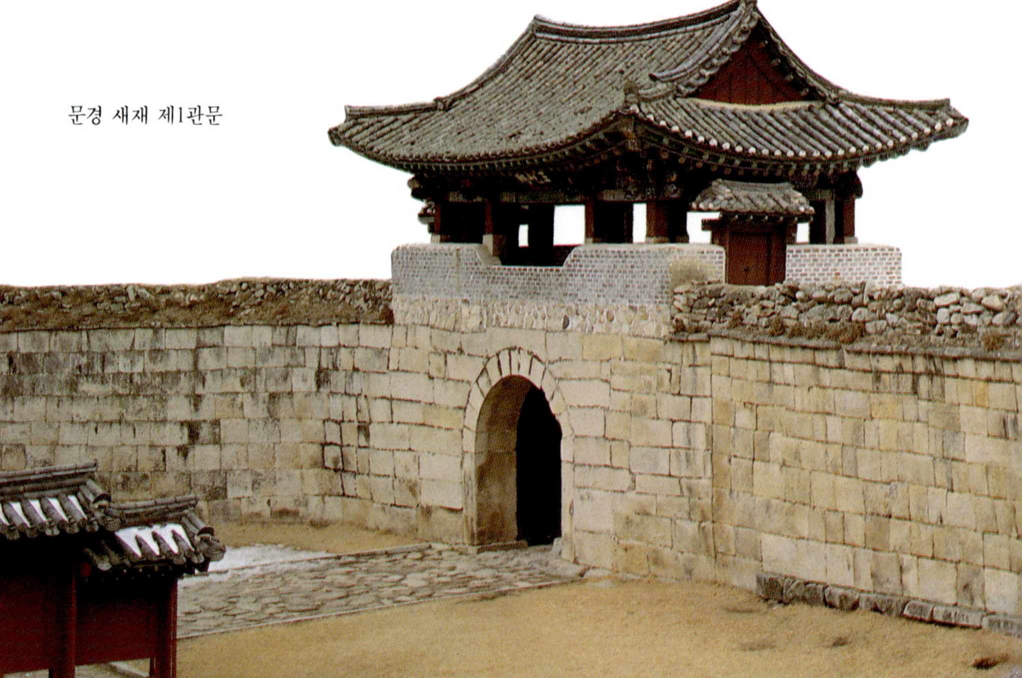

조선 세종 때 양성지(梁誠之)는 "우리나라는 성곽의 나라"라고 말한 적이 있다. 또한 일찍이 중국에서도 "고구려 사람들은 성을 잘 쌓고 방어를 잘 하므로 함부로 쳐들어갈 수 없다"라고 말할 정도였다.

성곽의 기원

우리나라에 언제부터 성곽이 나타났는지는 분명히 밝힐 수는 없다. 문헌상에 나타난 것으로는 「사기(史記)」 조선전(朝鮮傳)에 평양성의 존재를 언급하고 있는 것이 처음인데 이는 대체로 기원전 2세기에 해당된다.

"한(漢)이 위만(衛滿)을 침공했을 때 왕검(王儉)에 이르니 우거(右渠)가 성을 지키고 있었다"라는 기록이 보인다. 이것으로 보아 고조선의 말기에는 성곽이 있었음이 분명하고 여러 달이 지나도 성을 함락시키지 못할 정도로 본격적인 성곽전(城郭戰)이 전개되었음을 보여 준다.

한편 남한에서는 이보다 훨씬 늦은 삼한시대에 성곽에 관한 문헌 기록이 보인다.

고고학적인 성과로는 대체로 서기 2세기 이후에 남한 지역에서 처음으로 성곽이 나타나는 것으로 되어 있다. 초기 철기시대에 해당

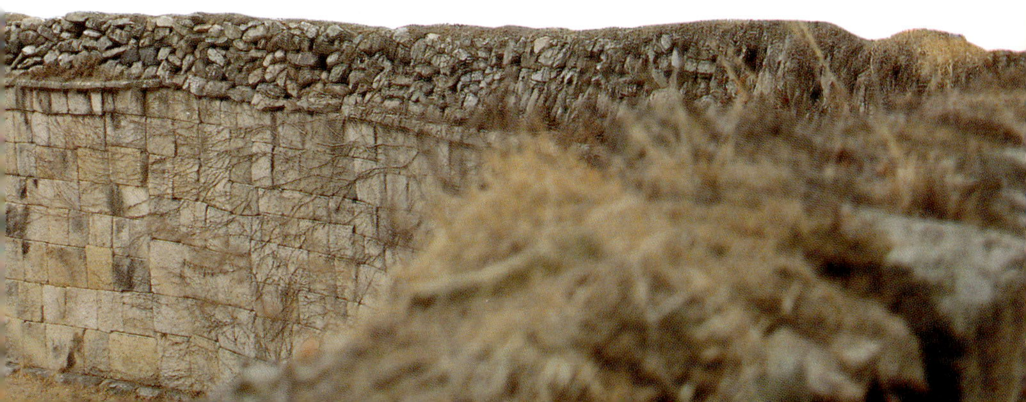

되는 김해 회현리 패총에서 성책(城柵)을 설치하였던 흔적이 발견된 예가 있다. 그러나 철기 문화를 누리고 삼국의 왕권이 강화되기 시작한 서기 1세기 무렵에는 적어도 삼한이나 삼국에 성곽과 비슷한 방어 시설이 생겨났다고 보이며 백제나 신라는 그 영역의 확장에 따라 성이나 책을 신축했으며 삼한의 여러 세력들도 취락 주변에 성을 가지고 있어 성을 기초 단위로 한 성읍 국가를 이루고 있었다고 보인다.

성곽의 발달

삼국의 성곽 시설로는 대부분 간단한 목책(木柵)이었을 것으로 추측되며 본격적인 석축에 의한 성곽은 삼국이 고대 국가로 발전하기 시작한 3세기 이후에 가능했다. 처음에는 간단한 목책의 시설물로부터 시작하여 차츰 토성으로 발전해 갔으며 그 다음 단계에는 많은 인력과 경비가 소요되는 석성을 쌓았다.

목책은 나무 기둥을 엮어 세워 적이 넘어오지 못하게 만든 원시적인 울타리 성이었지만 삼국시대에 많은 사례를 찾아볼 수 있으며 임진왜란 때 권율(權慄) 장군의 행주 대첩에서도 목책성이 주요 방어 시설로 활용되었다.

토성은 흙을 다져 넣어가며 쌓는 판축법(板築式)과 토성이 축조될 곳의 좌우 흙을 파내 둔덕을 쌓아올리는 삭토법(削土法)이 있는데 판축식은 주로 평야에서, 삭토식은 산등성이에서 사용되었다.

목책성이나 토성, 석성 등은 그 출현 시기가 각기 다르지만 삼국시대, 고려시대, 조선시대를 거치는 동안 기능에 따라 혼재(混在)해 왔으며 조선 후기 실학자들에 의해 벽돌성의 필요성이 제기되었으나 정조(正祖) 때 수원성 축성에서 부분적으로 채택되었을 뿐

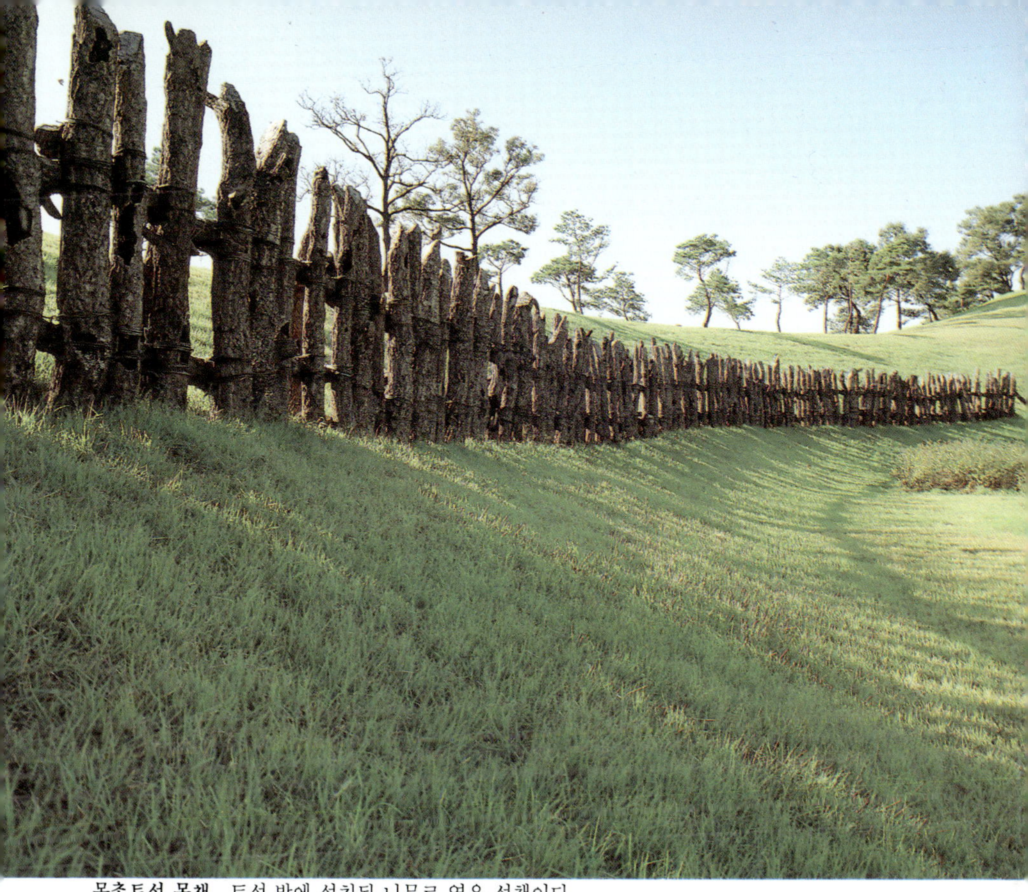

몽촌토성 목책   토성 밖에 설치된 나무로 엮은 성책이다.

우리나라의 성곽은 석성이 주류를 이루고 있다.

삼국시대의 성곽은 산성이 주류를 이루었으며 그 발생 과정도 산성이 다른 형식의 성곽보다 먼저 나타났다. 이것은 우리나라의 지세가 산악으로 중첩되어 있어 자연 지세의 험고(險固)를 이용하려 했기 때문이다.

초기에는 주로 낮은 구릉을 이용하여 토축 또는 석심(石心) 토축의 토성을 쌓다가 후기로 갈수록 성곽의 규모도 커지고 재료도 대개 석축으로 바뀌게 된다. 또 처음에는 산봉우리를 중심으로 정상 부근에 테를 두른 듯한 테뫼형이 많으나 후기에 오면 골짜기를 둘러싸는 포곡형(包谷形)이 주류를 이룬다.

테뫼형은 대체로 규모가 작은 산성에서 채택되고 있는데 높은 산봉우리에 쌓는 경우도 있으나 한편으로는 평야에 가까운 구릉에 자리잡고 있는 경우도 있다. 산성의 둘레는 4백 내지 6백 미터 가량 되는 것이 보통이지만 때로는 8백 미터가 넘는 큰 것도 있다. 성벽을 토축으로 한 것이 많으며 또 그것을 이중, 삼중으로 둘러쌓은 것을 볼 수 있다.

포곡형은 내부에 넓은 계곡을 포용한 산성을 말하는데, 계곡을 둘러싼 주위의 산 능선을 따라 성벽을 축조하였다.

성내의 계류는 평지에 가까운 곳에 마련된 수구(水口)를 통해 밖으로 흘려 보내는데 성문도 이러한 수구 부근에 설치되는 수가 많다.

성 안의 가장 높은 곳에는 장대(將臺)를 만들어 사방을 내려다 볼 수 있게 하고 평탄한 지형을 골라 군창 등의 건물을 세웠다. 성벽 은 대개가 견고한 석축으로 쌓았으며, 자연석 또는 다듬은 돌을 사용하고 있다.

석축의 구조적인 공법으로는 협축(夾築)과 내탁(內托)의 두 가지 축성법이 있는데, 전자는 성벽의 안팎을 모두 수직에 가까운 석벽으 로 쌓은 것을 말하며, 후자는 바깥쪽만 석축을 이루고 안쪽은 흙과 잡석으로 다져서 밋밋하게 쌓아올린 것을 말한다. 그런데 삼국시대 의 산성은 대개 내탁법을 주로 사용하고 있으며 이러한 형태는 조선 시대의 산성에서도 흔히 볼 수 있다. 내탁법의 산성에서 성안 사람 들이 성곽을 방어하기에 더 편리했기 때문이다.

석축 방식은 이른바 '물림쌓기'란 공법으로 아랫돌에 비해 윗돌을 1치 3푼씩 뒤로 물려 쌓아 전체적으로 성벽이 15도 가량의 경사를 유지하게 하였다. 따라서 성벽의 단면은 사다리꼴을 이루게 되는데

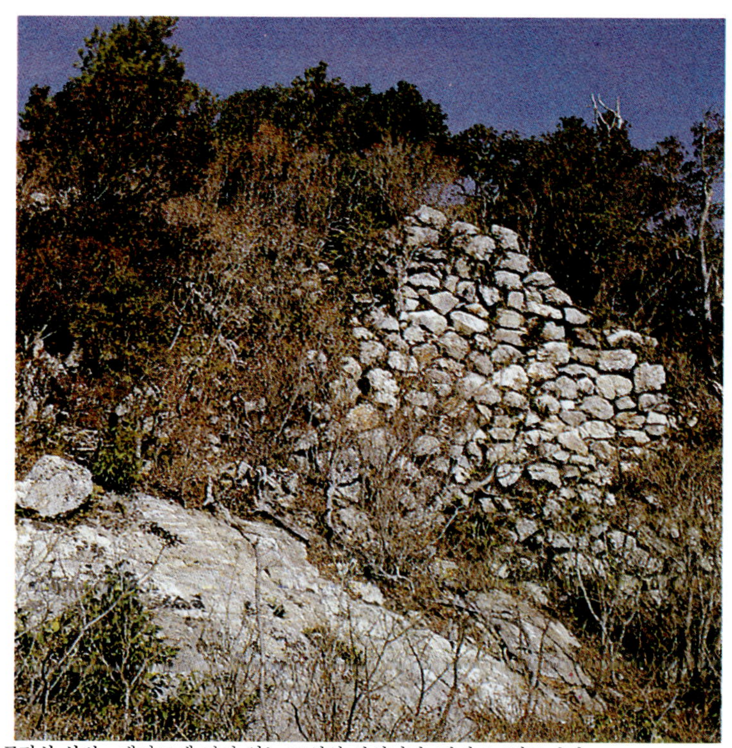

금전성 성벽 대마도에 남아 있는 조선식 산성이다. 길이 5.4킬로미터.

이는 성벽이 무너지지 않고 오래 견고하게 견딜 수 있도록 한 공법 상의 배려이다.

삼국시대의 축성술은 백제를 통해 일본에 전해져 규슈(九州) 지방과 대마도에는 '조선식 산성'이란 이름으로 많이 남아 있다. 일본에 건너간 백제인 기술자들은 7세기 전반부터 후반에 걸쳐 대규모의 '조선식 산성'을 쌓았는데 그 대표적인 것으로는 북규슈의 태재부(太宰府) 방위를 위해 축조한 대야성(大野城), 기진성(基肆城)과 대마도의 금전성(金田城)을 들 수 있다.

성곽의 종류

도성

성곽은 그 기능에 따라 도성(都城), 장성(長城), 산성, 읍성, 나성(羅城), 옹성(甕城) 등 여러 가지 형태가 있다.

도성은 왕궁이 있는 도읍지에 수도를 방어하기 위해 쌓은 성곽으로 고조선시대에 평양성의 존재가 문헌에 전해지고 있으며 삼국시대에도 도성을 쌓았다.

고구려는 건축 초기에는 산성에 도읍을 정하여 외적의 침입에 대비하였다.

유리왕 22년(서기 3)에 국내성으로 수도를 옮겨 위나암성(尉那巖城)을 쌓았는데 국내성은 왕궁이고 위나암성은 이에 부수된 산성으로 왕은 평상시에는 국내성에 있다가 전쟁이 일어나면 위나암성으로 들어가 방어했던 것으로 보인다. 후기의 수도인 평양성(장안성)도 평양 동북방의 대성산성과 그 아래의 안학궁터로 전해지는 평지 궁성으로 구성되었던 것 같다. 국내성과 위나암성의 관계와 마찬가지로 안학궁성은 왕궁인 데 대해 대성산성은 유사시에 왕도를 방어하는 외성 구실을 했다.

평원왕 28년(586)에 축조된 장안성은 고구려 후기의 대표적인 도성으로 수(隋)나라의 도성 제도를 참고하여 쌓은 것으로 성 안 평지에 바둑판 모양의 시가지를 만들어 규칙적으로 이방(里坊)을 배치하였다. 바둑판 모양의 가로에는 큰 냇돌을 깔았는데 지금도 그 흔적이 남아 있다. 장안성은 현대적인 도시 계획의 방식을 보여 주고 있어 매우 흥미롭다.

백제 초기의 도성인 하남 위례성(河南慰禮城)은 아직 그 위치를 명확하게 밝혀 내지 못하고 있다. 한강변의 풍납리토성이나 올림픽 공원 안의 몽촌토성이라는 설이 유력하게 제기되고 있다. 후기의 수도인 웅진(熊津;지금의 공주)이나 사비(泗沘;지금의 부여) 시대 의 도성은 산과 강을 의지하여 지형 지세를 최대로 이용하였다.

문주왕 때(475) 한산성으로부터 천도하여 5대 64년 동안 도읍을 정하였던 웅진의 중심 산성인 공산성은 북쪽과 서쪽이 금강으로 막혀 있는 데다 동남쪽의 좁은 병지가 험한 산으로 둘리져 천연의 요새를 이루고 있다. 고구려 세력에 밀려 남하했던 백제의 임시 도읍지로서는 적합한 입지 조건을 갖추었다고 하겠다. 성왕(聖王) 16년(538) 웅진에서 천도하여 백제가 멸망할 때까지 123년 동안 도읍으로 정했던 사비에는 수도를 방어하기 위해 나성을 반달 모양 으로 축조하고 도성 안에는 부소산 산정을 중심으로 부소산성을 쌓았다. 도성이나 부소산성이 모두 토성으로 된 점은 국력의 약화 때문인 것으로 추측된다.

부소산성은 도성 안에 있는 토성으로 산정을 중심으로 테뫼식 산성을 축조하고 다시 그 주위를 감싸며 골짜기를 따라 1.5킬로미터 의 토성을 쌓아 궁궐을 중심으로 내(內), 외(外), 중(中)의 삼중 성을 이루었다. 당시의 왕궁 터는 지금 국립부여박물관이 자리잡고 있는 곳으로 추정된다.

사비 시대에는 정연한 도성 제도가 확립되어 백성들이 사는 나성 안에 5부(五府), 5항(五巷)의 구획이 정해져 1만여 호가 살았다고 한다.

도성을 중심으로 외곽으로 청산성(青山城), 청마산성(青馬山城), 석성산성(石城山城), 노성산성(魯城山城) 등이 있으며 그 바깥으로 다시 산성들이 이중, 삼중으로 방어선을 이루고 있었다.

고구려나 백제의 도성과는 달리 신라에서는 도성을 따로 쌓지 않았다. 왕궁의 주위에 나성이 없는 대신 경주 외곽에 명활산성이 도성 방어의 관문 구실을 하였으며 문무왕 때 남쪽에 남산성, 북쪽에 북형산성(北兄山城), 서쪽에 서형산성(西兄山城) 등이 갖추어지면서 나성 구실을 담당하게 되었다.

신라의 왕궁인 월성(月城)은 남천(南川)가에 반달 모양을 한 낮은 언덕 위에 축조되었는데 이 월성을 중심으로 넓은 평야의 각 처에 여러 궁궐이 배치되어 있었다.

도성이 없었던 신라로서는 잦은 왜구의 침입으로 왕이 월성을 버리고 가까운 명활산성으로 옮겨 간 일도 있으며 실성왕 때에는 왜구가 명활산성에 쳐들어왔었고 눌지왕 때에는 명활산성이 포위당한 일까지 있었다.

통일신라 때의 왕궁은 여전히 월성이었으나 훌륭한 전각 건물들이 외곽에까지 뻗치고 안압지가 조성되는 등 월성의 규모가 크게 확장되었다.

이와 함께 통일 뒤에는 어느 정도 당(唐)나라 제도를 모방한 방리제(坊里制)가 실시되었으며 남북 대로와 바둑판 모양의 시가지가 이루어졌다. 인구가 늘어나고 도읍의 규모가 커짐에 따라 새로 도성을 쌓으려고도 했으나 막대한 노동력의 동원과 경비 때문에 결국 실현을 보지 못하였다.

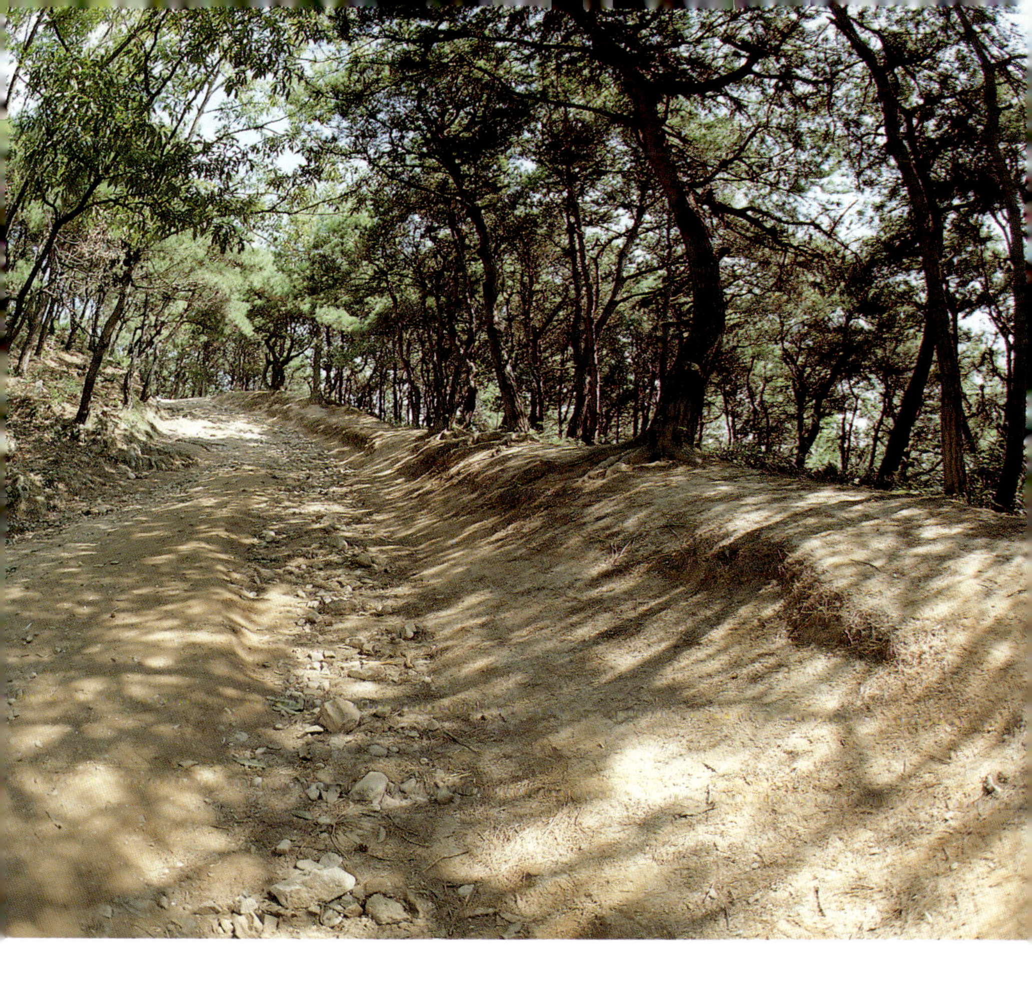

부여 부소산 토성 백제의 도성이나 부소산성이 모두 토성으로 된 것은 국력의 약화 때문인 것으로 추측된다.

개경 도성

고려 태조 왕건은 개경(開京)에 도읍을 정한 뒤 시전(市廛)을 세우고 방리를 구분하는 등 수도의 규모를 갖추었으나 도성을 쌓지는 않았다. 북방의 개척과 거란, 여진에 대한 방비가 급했기 때문인 것으로 보인다. 개경에 도성이 축성된 것은 거란의 침입을 받은 뒤인 현종 20년(1029)에 이르러서였다.

거란을 물리친 강감찬 장군의 주청(奏請)으로 현종은 이가도(李可道)에게 명하여 둘레 9천 7백 보(步)의 외성을 쌓게 하였다. 토축으로 된 이 도성은 높이 21척, 두께 12척으로 4대문과 나각(羅閣) 1만 3천 칸으로 구성되었다. 이 축성 공사에는 연(延) 304,400명의 인부가 동원되었다고 하니 당시로는 대역사(大役事)였다.

개경 도성은 송악산으로부터 남산으로 이어지는 원형(圓形)으로 산형 지세에 따라 축조되어 중국의 네모 반듯한 도성 제도와는 판이하게 달랐다. 같은 시대의 요(遼)나라나 금(金)나라의 수도가 당제(唐制)를 모방한 방형의 내외곽을 가진 데 비해 고려의 도성은 삼국 시대 이래의 자연 포곡선(自然包谷線)을 그대로 이어받고 있어 주목할 만하다.

도성 안은 도시 계획이 질서 정연하게 되어 있지 않고 지세에 따라 자연적으로 형성된 자연 부락을 단위로 도로와 수로가 이루어졌다. 만월대(滿月臺)의 평지를 둘러싸고 세워진 궁성은 그 형태가 네모 반듯한 편이었고 주작문, 광화문, 영추문, 장평문 등 4대문을 갖추었다. 이 궁궐은 산의 지세에 따라 남쪽을 바라보는 위치에 있어 도성 안에서도 잘 보일 뿐 아니라 궁성 안에서도 성 안이 한눈에 보이도록 설계된 듯하다.

도성이 완비되었던 인조 때 송(宋)나라 사신 서긍(徐兢)은 「고려도경(高麗圖經)」에서 개경 도성을 다음과 같이 묘사하고 있다.

성의 둘레는 60리이고 산형에 둘러싸였는데 흙과 자갈을 섞어 지형에 따라 축조되었다. 성 바깥에는 참호가 없고 성벽에는 성가퀴(女墻)를 설치하지 않았다.

개경에 내성(內城)이 축조된 것은 고려 말 공양왕 때 왜구의 횡행에 대비하기 위해 착수되었으나 중단되었다가 조선 태조 2년 때 비로소 완성되었다. 이때 쌓은 것이 개성(開城)인데 석성으로 둘레가 20리, 남쪽 성벽은 네모 반듯하게 다듬은 돌 곧 무사석(武砂石)으로 쌓았다. 내성의 문은 모두 13개나 되었고 그때 만든 문루로 남대문이 지금까지 남아 있다.

몽고의 침입으로 인하여 강화도로 도읍을 옮긴 고려는 고종 24년(1237) 강화에 둘레 37,076척의 외성을 쌓았으며 34년에는 둘레 3,877척의 내성을 축조하였는데 모두 토축이었다. 피난 수도인 강화성에 궁궐을 세우고 고려는 40여 년이나 몽고에 항쟁하였다.

고종 40년(1253) 고려가 몽고와 화친을 맺고 강도(江都)에서 다시 개경으로 궁궐을 옮기게 되자 몽고군은 강화성의 내성과 외성을 모두 허물게 하였다. 40년 항쟁에 대한 분풀이였다. 이때 성곽이 무너지는 소리가 우뢰 소리처럼 진동하였고 도성 사람들은 이를 보고 슬피 울었다고 한다.

한양 도성

조선 왕조의 도성인 한양성(漢陽城)은 조선 건국과 함께 태조, 세종의 2대에 걸쳐 축성되었다. 태조는 한양에 도읍을 옮기고(첫 도읍지는 개경이었음) 궁궐과 여러 관아들을 짓고 왕 5년(1396)에 도성 축조의 대역사(大役事)를 시작하였다. 공사에 앞서 개국 공신 정도전(鄭道傳)으로 하여금 성터를 측정하게 하였고 왕 스스로 축성 예정지를 여러 차례 답사하기까지 했다.

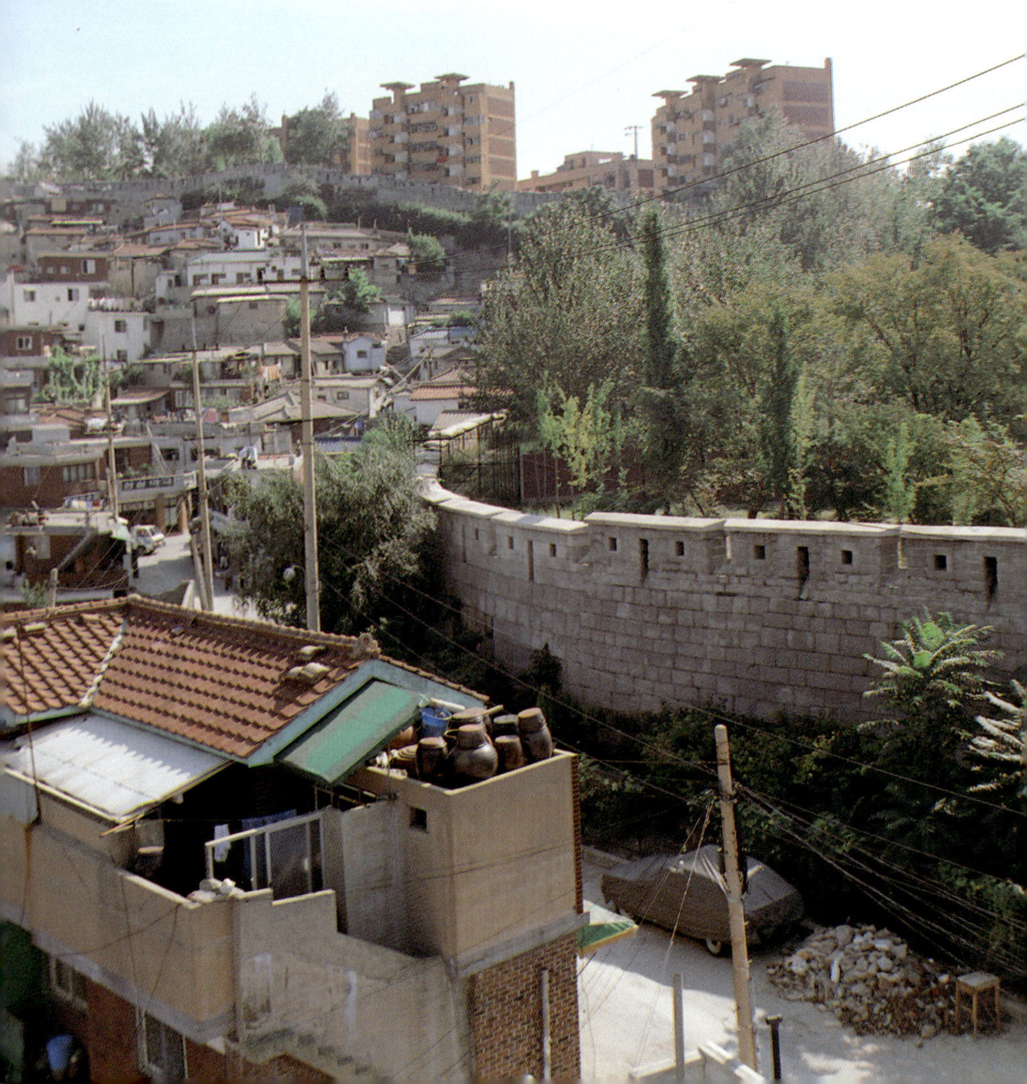

주택가를 지나가는 서울 도성 성벽.(혜화동 부근)

축성 공사는 1년 만에 완성하였는데 기간은 봄, 가을로 나누어 98일 동안 연(延) 197,470명이 동원되었으며 길이는 연장 40리에 달하였다. 동원된 인부는 강원도, 경상도, 전라도, 평안도에서 징발된 장정들이었다.

한양 도성은 서울의 북악, 낙산, 남산, 인왕산의 능선을 따라 원형을 이루고 있으며 성벽을 나누어 감독자의 이름을 성벽에 새겨 놓았다. 성벽은 높고 험한 곳에는 석성을, 평지에는 토성을 쌓았는데, 토성이 석성보다 2배나 길었다. 그러나 토성이 곳곳에서 무너지게 되자 세종은 대대적인 보수 공사를 벌여 토성을 모두 석성으로 바꾸고 성첩(城堞)을 쌓기도 했는데 이 공사에는 팔도 장정 322,400명이 동원되었다.

축성 공사의 감독은 매우 엄하여 수축 뒤에 돌 한 개라도 무너져 떨어지면 구역 담당관이 꼭 보수를 하도록 했다. 개축 공사 때 사망한 인부는 872명이나 되었고 서울에 쌀이 귀할 정도였다.

세종 때 수축한 이후 282년이 지나 숙종 30년(1704) 대대적인 보수 공사가 착공되었는데 6년이나 걸린 이 공사에서는 수축과 함께 성첩도 만들어 그 수가 7,081개나 되었다. 이때 수축된 성벽은 지금의 동대문, 광희문 부근과 북악 동쪽에서 많이 볼 수 있다.

한양 도성은 축조된 시기에 따라 축성 방법과 성돌의 모양이 각기 달라 세 시기의 성벽을 쉽게 구별할 수 있다.

태조 때의 성벽은 30센티미터쯤 되는 네모난 자연석을 불규칙하게 쌓되 벽면은 수직을 유지하였다. 이에 비해 세종 때의 것은 가로 60, 세로 90센티미터 정도의 다듬은 돌을 사용하였으며 성벽의 아랫부분 3분의 1은 비교적 큰 돌로 쌓고 위로 올라갈수록 작은 돌을 사용하여 전체적으로 성벽의 중앙부가 밖으로 약간 튀어나오게 하였다. 또한 세종 때에는 석재말고도 석회와 철근을 사용한 것이 특색이다. 태조, 세종 때의 성돌은 규격이 일정하지 아니하여 틈

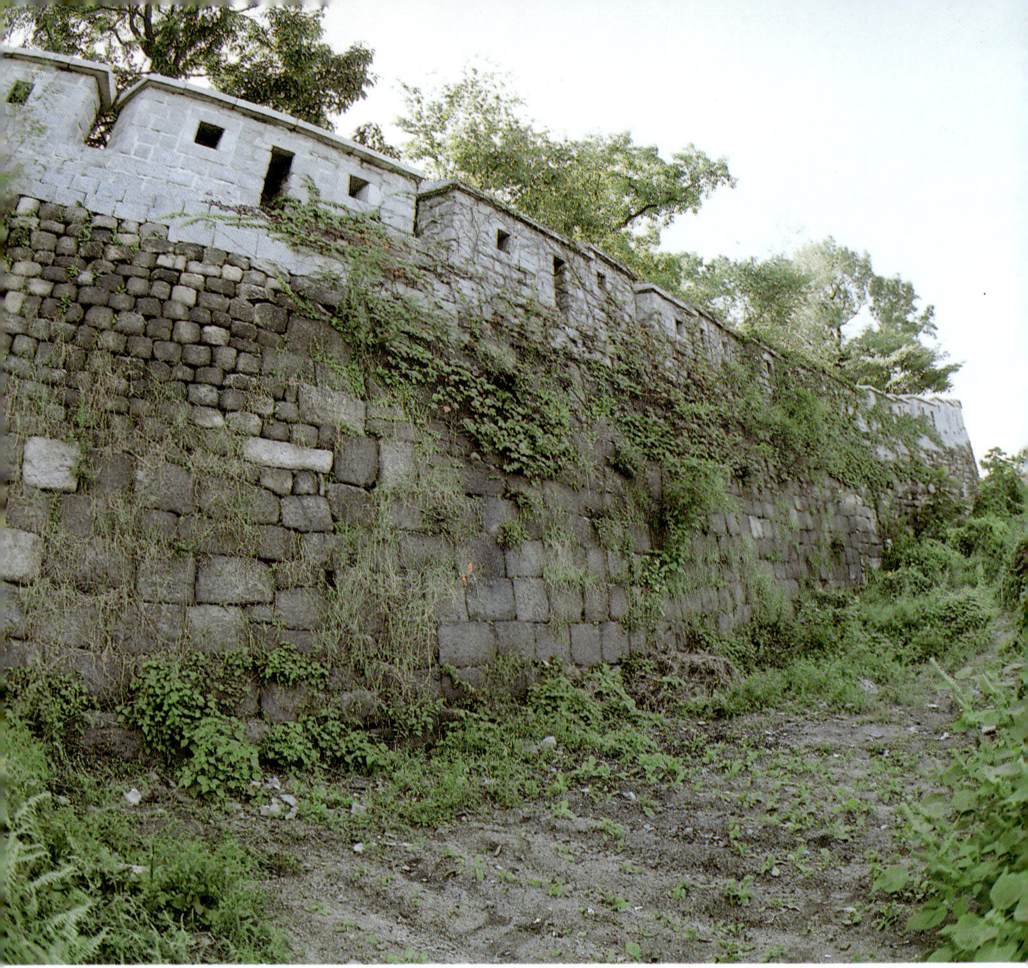

장충동 근처의 서울 도성 세종 때 축조된 것으로 성벽의 아랫부분 3분의 1은 비교적 큰 돌로 쌓고 위로 올라갈수록 작은 돌을 사용하여 전체적으로 성벽의 중앙부가 밖으로 약간 튀어나오게 하였다.

사이에 잔돌을 사용하였으나 숙종 때의 성벽은 가로와 세로 60센티미터 정도의 네모난 돌을 사용하여 정연한 축조 방식을 보여 주며 따라서 벽면도 수직으로 되었다.

숙종 때에는 근대적 축성 기술의 완성을 보게 되어 성벽 위에 성첩을 쌓고 그 위에 기와나 전돌로 지붕을 올리고 총안(銃眼)을 배열하는 등 정연한 외형을 갖추었다.

산성

우리나라 성곽의 대표적인 형태는 산성이다. 산의 자연적인 지세를 최대한 활용하여 능선을 따라 용이 산허리를 감듯 꾸불꾸불 기어 올라가는 산성은 자연에 순응하고 동화하려고 했던 우리 선인들의 생각을 잘 나타내고 있다.

산성은 삼국시대부터 시작되어 고려, 조선시대에 걸쳐 널리 유행하였던 형식이다. 조선 초기에는 759개소의 성곽이 전국에 있었는데 이 가운데에 산성이 182곳으로 가장 많았다.

산성은 험한 지형을 이용하여 쌓기 때문에 적으로부터 쉽게 노출되지 않고 또 성에서 오래 항전을 계속할 수 있도록 모든 시설을 갖추었다. 성벽은 산꼭대기로부터 골짜기에 걸쳐 고리 모양으로 돌아나가고 가장 낮은 쪽 근처에 성문과 수구를 설치하고 가장 높은 곳에 밍루를 세웠다. 산성은 대체로 골짜기를 감싸고 축조되므로 성 안에 많은 병마를 주둔시킬 수 있었고 군량 창고, 병영, 장대 등의 시설을 갖추었다. 성벽과 관련된 시설물로는 성문, 옹성, 여장, 치(雉), 각루(角樓), 암문(暗門), 수구 등이 있었다.

골짜기에는 성문을 설치하여 적의 공격 때 노출되지 않도록 했으며 성문 주변의 성벽은 큰 돌을 사용하여 다른 곳에 비해 너 튼튼하게 쌓았다.

적의 내침이 있으면 군사와 백성들까지도 일단 산성으로 피하여 굳게 성을 지키면서 장기적인 항전에 들어간다. 그래서 우리나라의 산성은 피란성(避亂城)이라고도 부른다. 외적의 침입이 잦았던 고려 때에는 적이 쳐들어오면 민간인들로 하여금 집을 불태우고 식량을 처분한 다음 인근의 산성이나 섬으로 피란하도록 하였다. 적에게 군량과 물자와 인력을 제공하지 않게 하기 위해서였다. 이를 '청야작전(淸野作戰)'이라고 부른다.

두타산성　102년(신라 파사왕 3)에 처음 쌓았다고 전해지며 1414년(조선 태종 14)에 삼척부사로 왔던 김앵손이 다시 쌓았는데 둘레 2,500미터, 높이 15미터에 이른다. 강원도 삼척군 미로면 소재.

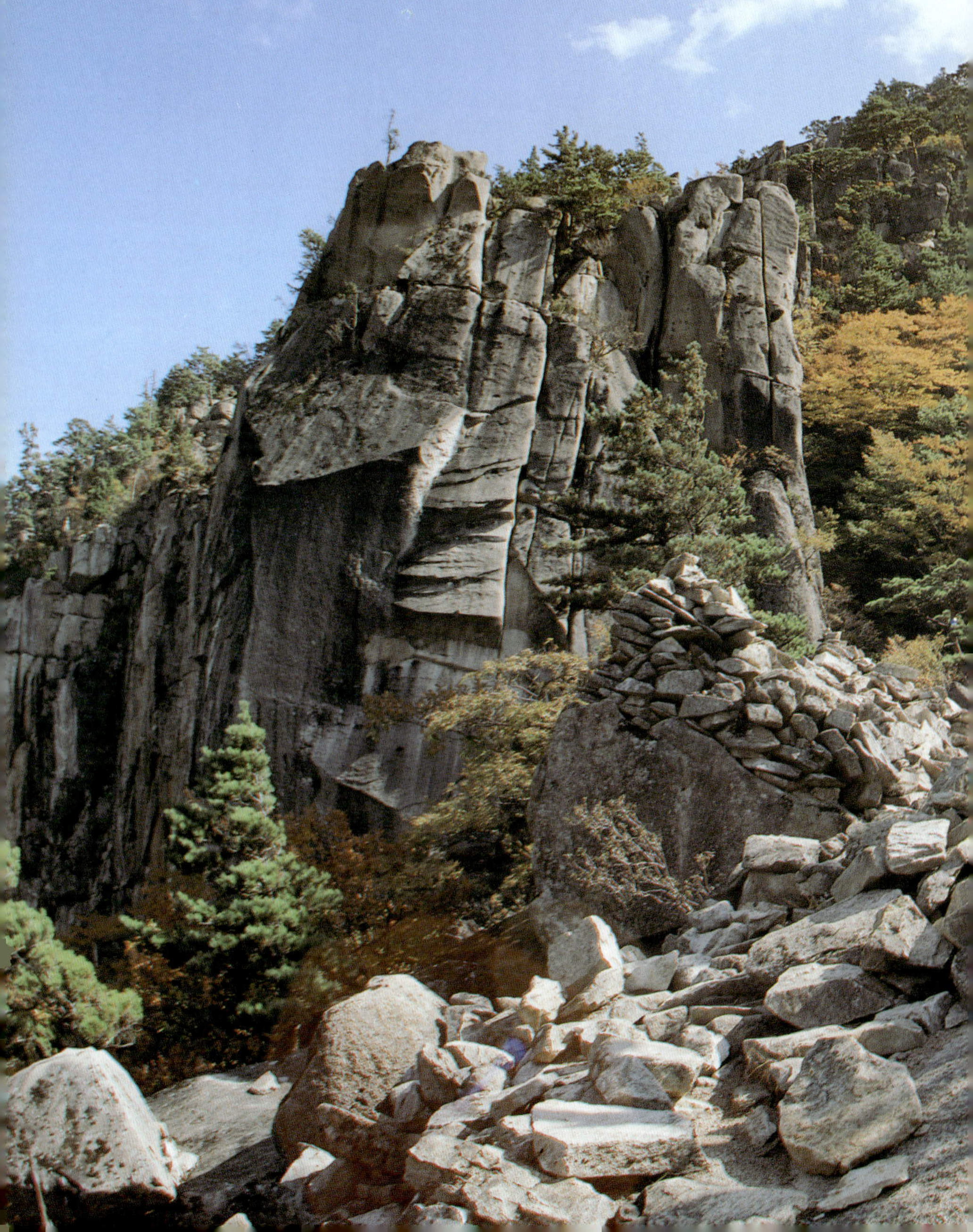

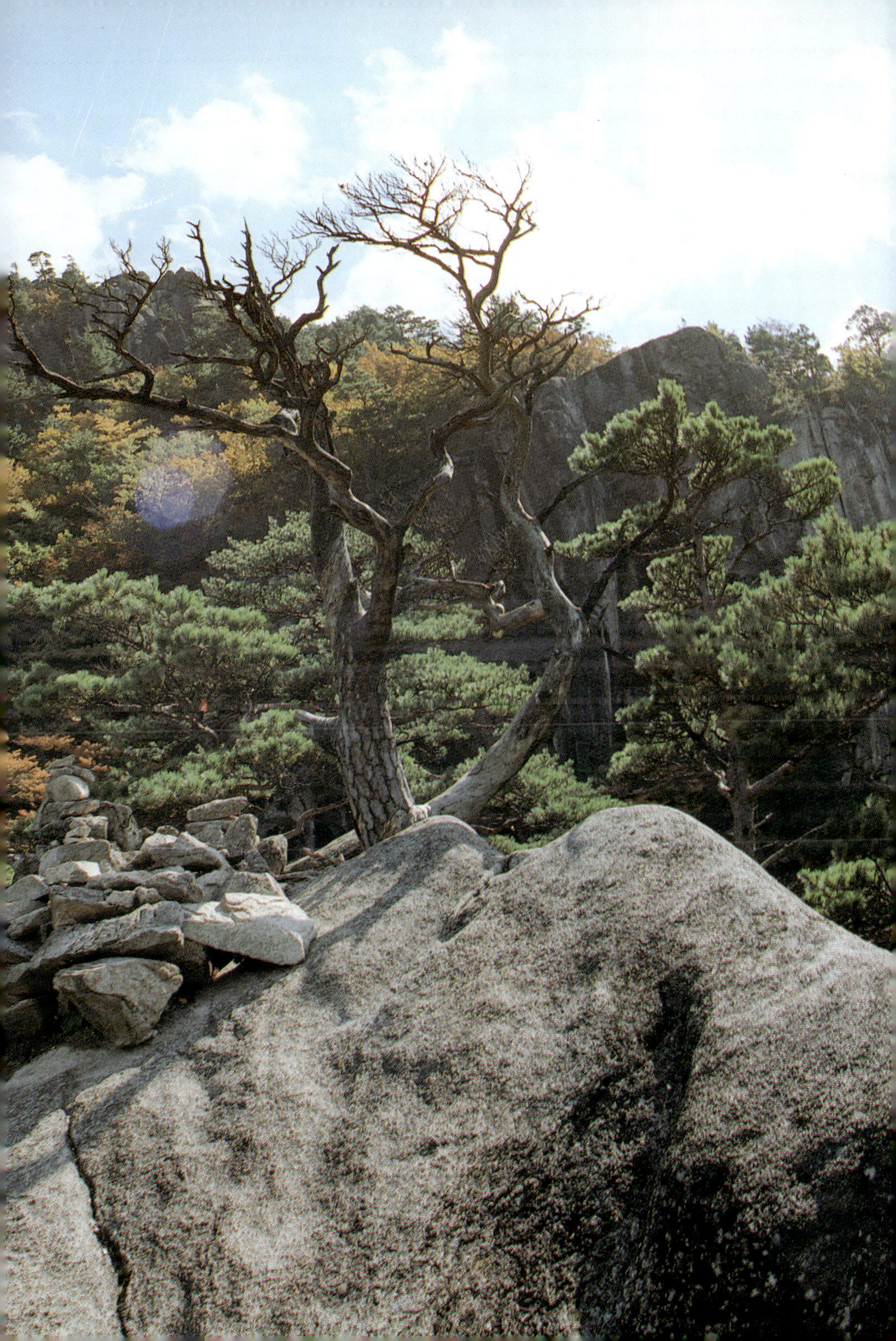

　산성은 평야를 앞에 둔 높은 산에 자리잡는 것이 보통인데, 이것은 들판을 건너오는 적을 빨리 발견하여 이에 대비하기 위한 것이다. 그러나 평지와는 동떨어진 깊은 산속에 산성을 쌓기도 하였다. 이 경우에는 천험(天險)을 이용하여 지구전을 펴려는 생각에서였다. 칠곡의 가산성(架山城), 문경의 조령관문(鳥嶺關門), 북한산성, 창녕의 화왕산성 등이 여기에 속한다.

　북한산성이나 남한산성, 동래의 금정산성, 상주의 백화산성(白樺山城) 등은 규모가 큰 산성들이다. 이 가운데에서도 금정산성은 둘레가 17킬로미터나 되는 우리나라 최대의 산성으로 손꼽힌다. 신라 자비왕 때 쌓은 보은의 삼년산성은 신라가 백제, 고구려를 정벌하는 데 전초 기지로서 이용하였던 산성으로 지금도 성벽이 잘 남아 있다.

문경의 조령관문　평지와는 동떨어진 깊은 산속에 쌓은 조령산성의 제3관문이다.

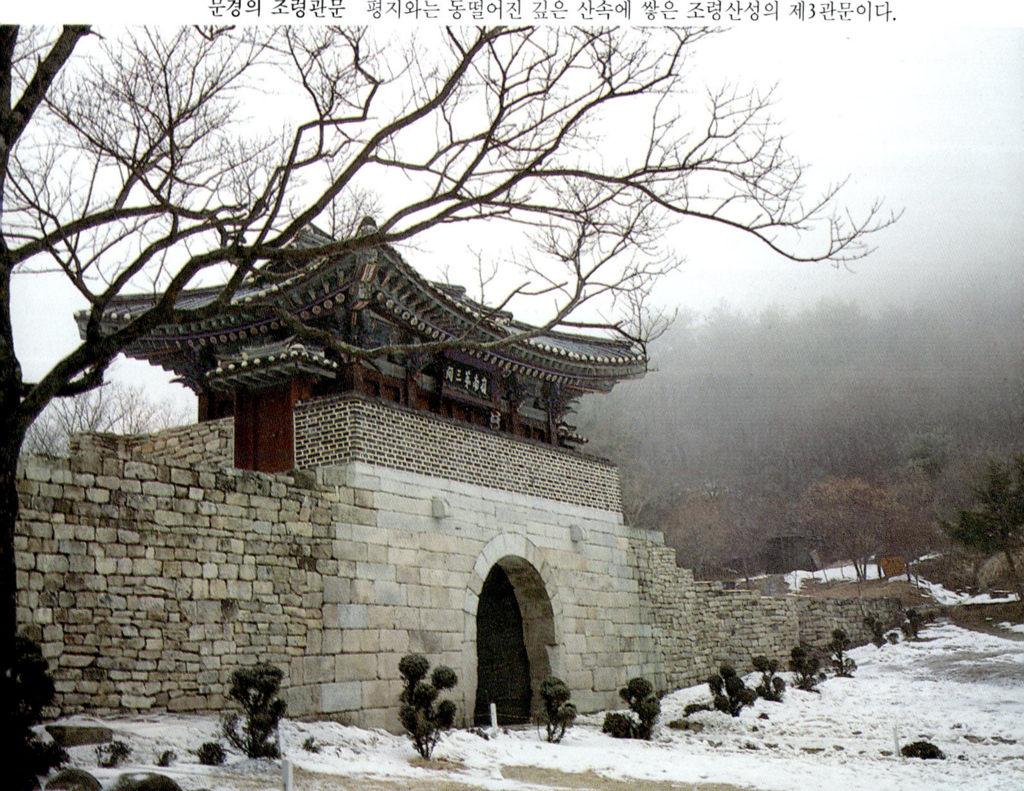

읍성

　읍성은 지방 행정 관서가 있는 고을에 축성되며, 성 안에 관아(官衙)와 민가를 함께 수용하고 있다. 따라서 읍성은 행정적인 기능과 군사적인 기능을 아울러 갖는 특이한 형태이다.

　읍성은 평지에만 쌓는 일은 드물고 대개 배후에 산등성이를 포용하여 평지와 산기슭을 함께 감싸면서 돌아가도록 축조되었다. 이런 형식은 산성과 평지성의 절충형이라고 할 수 있으며 평산성(平山城)이라고도 부른다.

　읍성의 형태는 부정형(不整形)의 타원 또는 원형을 이루며 돌이나 흙으로 쌓았다. 평상시에는 읍성이 행정 단위가 되지만 유사시에는 방어 기능의 성곽이 되어 성문을 굳게 닫고 군, 관, 민이 한 덩어리가 되어 성을 지킨다. 이러한 읍성은 우리나라에서만 볼 수 있는 특이한 존재로서 고려 말에 처음 등장하여 조선 초기에 크게 유행하였다. 조선 초기 「동국여지승람」에는 읍성이 179개가 나타나는데 당시 부(府), 목(牧), 도호부(都護府), 군(郡), 현(縣) 등 행정 구역이 330여 개였던 것으로 미루어보면 반수가 넘게 읍성을 쌓았음을 알 수 있다.

　읍성은 남해, 서해안 지방과 북쪽의 변방에 주로 축조되었는데, 고을의 크기나 중요성에 따라 그 규모는 크게도, 작게도 축성되었다. 경상, 전라, 충청 지방의 해안에 읍성이 많이 설치된 것은 고려 말 이후 잦은 왜구의 침입을 막기 위해서였고 함경, 평안도에 읍성이 많은 것은 거란, 여진족들의 침략에 대한 대비책이었다. 고려시대에는 북방의 국경 지대에 주진성(州鎭城)을 많이 쌓았는데, 평지에 자리잡은 읍의 주위를 둘러싼 성벽의 일부가 뒤쪽으로 산 위에까지 뻗치고 있는 형태를 취하고 있다. 이러한 특수한 형식은 우리나라 지방 고을들이 대개가 배후에 산을 등지고 시가지가 형성되고 있기

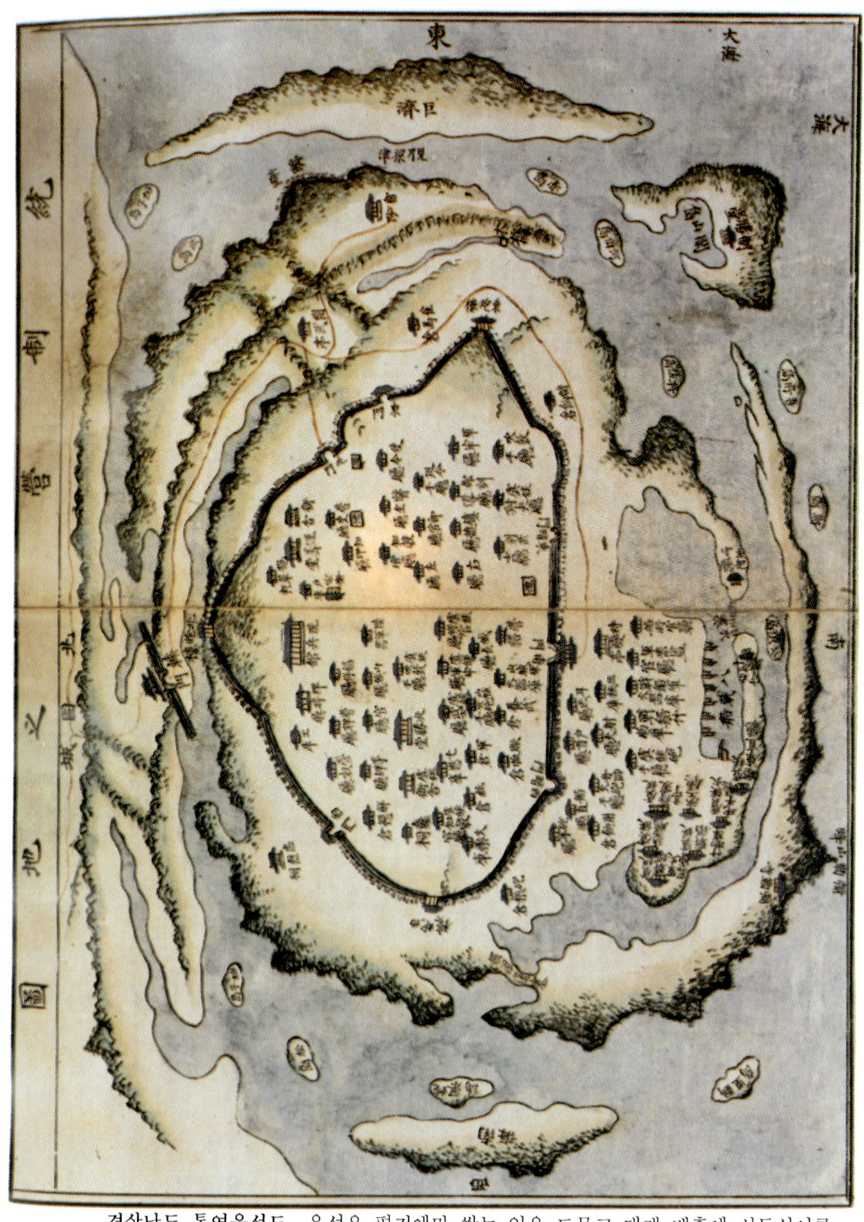

경상남도 통영읍성도 읍성은 평지에만 쌓는 일은 드물고 대개 배후에 산등성이를 포용하여 평지와 산기슭을 함께 감싸면서 돌아가도록 축조하였다.

때문에 자연 발생적으로 나타난 것이다. 따라서 읍성은 고려시대의 주진성이 그 모체였던 것으로 보인다.

읍성 가운데에서 평산성이 아니고 순수하게 평지에 축조된 형식은 조선 초기에 이르러 비로소 나타나기 시작하였다. 승주군의 낙안읍성이나 홍성의 해미읍성 등은 평지에 축조된 대표적 읍성이며 오늘날까지도 성벽의 옛 모습을 잘 지니고 있다.

고려 말에 축조된 읍성은 대부분 토성이었으나 조선 초기에 석성으로 바뀌고 그 규모가 확장되었으며 특히 세종, 성종대에는 읍성이 없었던 곳에 새로 성을 쌓는 등 읍성 축조가 활발해졌다.

장성

국경의 변방에 외적을 막기 위해서 쌓은 것이 장성(長城)인데 행성(行城) 또는 관성(關城)으로도 부른다. 장성은 이름 그대로 길이가 수십 킬로미터나 되는 큰 규모의 성으로 산과 산을 연결하여 축조되는 것이 보통이다.

고구려와 통일신라, 고려 때에 똑같이 천리장성이란 이름으로 장성이 축조된 것은 흥미있는 일이다.

고구려는 당의 침략이 있기 직전 영류왕 2년(642) 요동에 천리장성을 쌓았는데 부여성(扶余城；지금의 農安)을 기점으로 송화강에서 요하를 따라 1천여 리에 뻗쳤다. 이 축성은 쌓는 데 16년이나 걸렸으며 당시의 세력자인 연개소문(淵蓋蘇文)이 직접 감독한 대역사(大役事)였다.

통일신라는 북방의 국경선이 확정됨에 따라 헌덕왕 18년(826)에 한수(漢水) 이북의 백성 10,000명을 동원하여 패강(浿江) 장성 300리를 쌓았다는 기록이 보인다. 또한 성덕왕 21년(722) 동해안에 쌓은 관문성은 왜병을 막기 위한 것으로 1979년 복원을 위해 발굴해 본 결과 자연석을 다듬어 진흙으로 다져 기단 너비 2미터, 높이 2미터 가량으로 축성했음이 밝혀졌다. 관문성 축조에는 39,262명의 인부를 동원했다고 하니 장성의 축조가 얼마나 큰 역사인가를 알 수 있다.

우리나라 장성 가운데 가장 규모가 크고 유명한 것은 고려 때 쌓은 천리장성이다. 현종 때 착수하여 정종 10년(1044) 때 완성된 천리장성은 서쪽으로 압록강 입구부터 동쪽으로 동해안 정평(定平)에 이르는 웅대한 규모로 3대에 걸쳐 12년이나 걸렸다. 산등성이를 통과하는 부분은 토축에 의거하였고 평지는 석축인데, 평지의 성벽은 높이와 너비가 각 25척이나 되었다. 대체로 초기에 축성된 여러 성들을 연결시켰으며 산지의 경우 안쪽과 바깥쪽의 흙을 파내서 그 흙으로 토성을 쌓았다. 천리장성은 고려가 3차에 걸친 거란의 침략을 받은 뒤 개경에 도성을 축조하고 나서 쌓은 것이다.

조선시대에도 세종 때 여진을 막기 위해 의주(義州)에서 경원(慶源)에 이르는 압록강과 두만강 연변에 많은 행성을 쌓았는데 이를 통틀어 장성이라고 불렀다.

각 시대의 성곽

고구려의 성곽

고구려는 북방에서 여러 민족들과 다투면서 영토와 국력을 확장하고 고대 국가로 성장한 이후 중국의 수, 당과 세력을 겨루었으므로 일찍부터 축성술이 발달하였고 성곽전에도 뛰어났다. 초기에 도읍을 산 위에 정하였던 것도 외침의 위협 때문이었다.

초기 고구려의 성곽은 대부분 만주 지방에 남아 있는데, 요동반도로부터 요하(遼河) 동쪽에 걸쳐 제1방어선을 이루고 다시 후방으로 제2, 제3의 방어선을 이루도록 배치하였다.

대부분의 이들 산성은 성돌을 정연히 쌓아올린 석루(石壘)로서 산정부터 골짜기에 걸쳐 고리 모양으로 돌아나갔는데 이러한 형태는 삼국시대 이래 우리나라 산성의 주류를 이루게 되었다. 천첩의 지세를 얻은 고구려의 성곽은 중국에서도 크게 두려워하여 "요동은 길이 멀어 군량 운반이 어렵고 동이(東夷;고구려를 가리킴)는 성을 잘 지키므로 단번에 함락시키지 못한다"는 기록이 보인다. 당 태종이 고구려에 대한 2차 원정을 나서려 할 때에도 조정의 중론은 "고

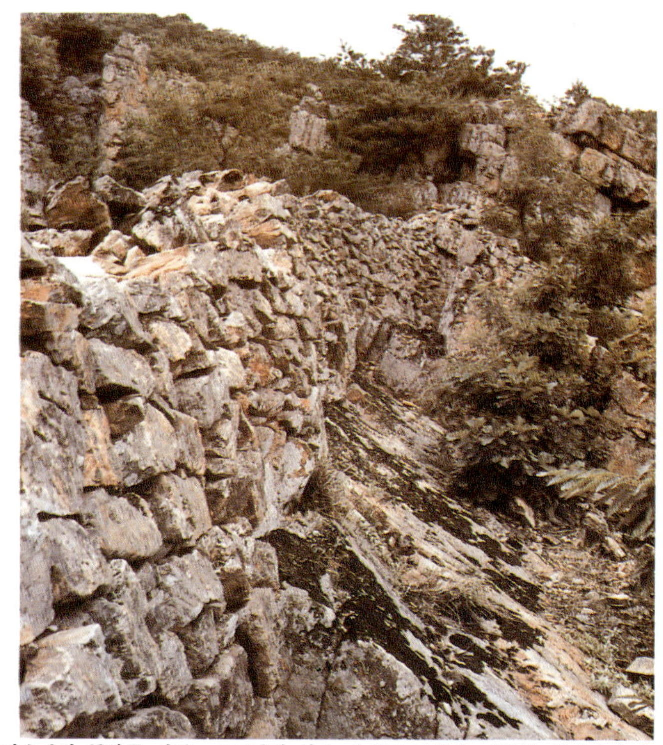

장수산성 동북쪽 성벽 고구려의 성은 대체로 남쪽을 제외한 삼면이 높은 산 또는 절벽으로 둘러싸였다. 황해도 신원군 소재.

구려는 산악에 의지하여 성을 만들었기 때문에 단시일 안에 함락시킬 수가 없다"고 하였다. 실제로 수 양제(煬帝)의 대군과 당의 2차에 걸친 대원정을 고구려가 잘 막아 낸 것은 난공 불락의 요새로 구축한 방어력이 높은 성곽이 있었기 때문이다.

고구려 산성은 대체로 삼면이 높은 산 또는 절벽으로 둘러싸이고 남쪽만 완만하게 경사가 낮아진 곳에 쌓았으며 성벽은 수직을 이루는 경우가 많다.

지금까지 고구려의 성으로 밝혀진 것은 만주 집안(輯安)의 위나

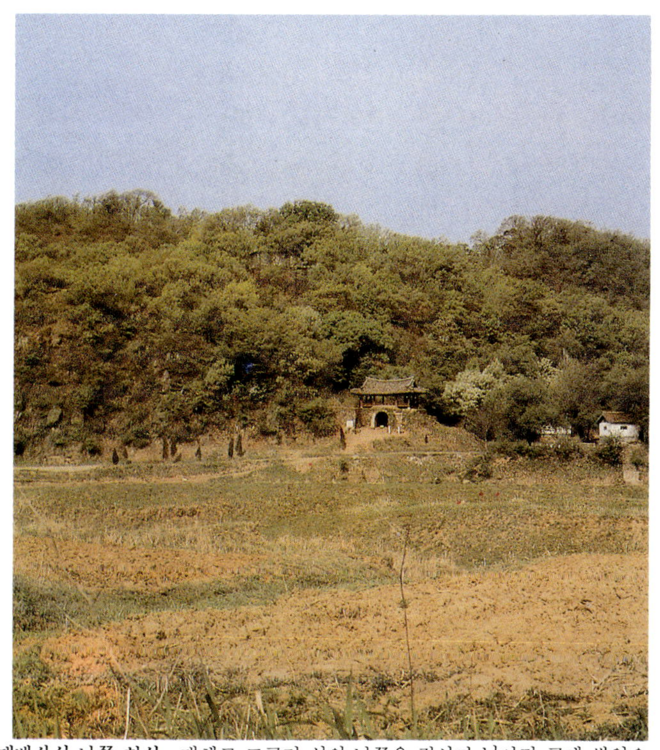

태백산성 남쪽 치성　대체로 고구려 성의 남쪽은 경사가 낮아진 곳에 쌓았으며 성벽은 수직을 이루는 경우가 많다. 황해도 평산군 소재.

암성, 환인산성, 패왕조산성, 통구령산성, 길림의 용담산성 등이 있고 북한에는 평양의 대성산성, 태천 용오리산성, 의주의 백마산성, 순천의 자모산성, 용강의 황룡산성, 신원의 장수산성, 대현산성, 평산의 태백산성, 무순의 고이산성과 소밀성 등이 잘 알려져 있다.

남한에는 고구려가 남진 정책을 펴 한강 이남까지 진출했을 때 축성한 것으로 짐작되는 단양의 온달성과 음성의 망이산성(望夷山城)이 대표적인 유적들이다.

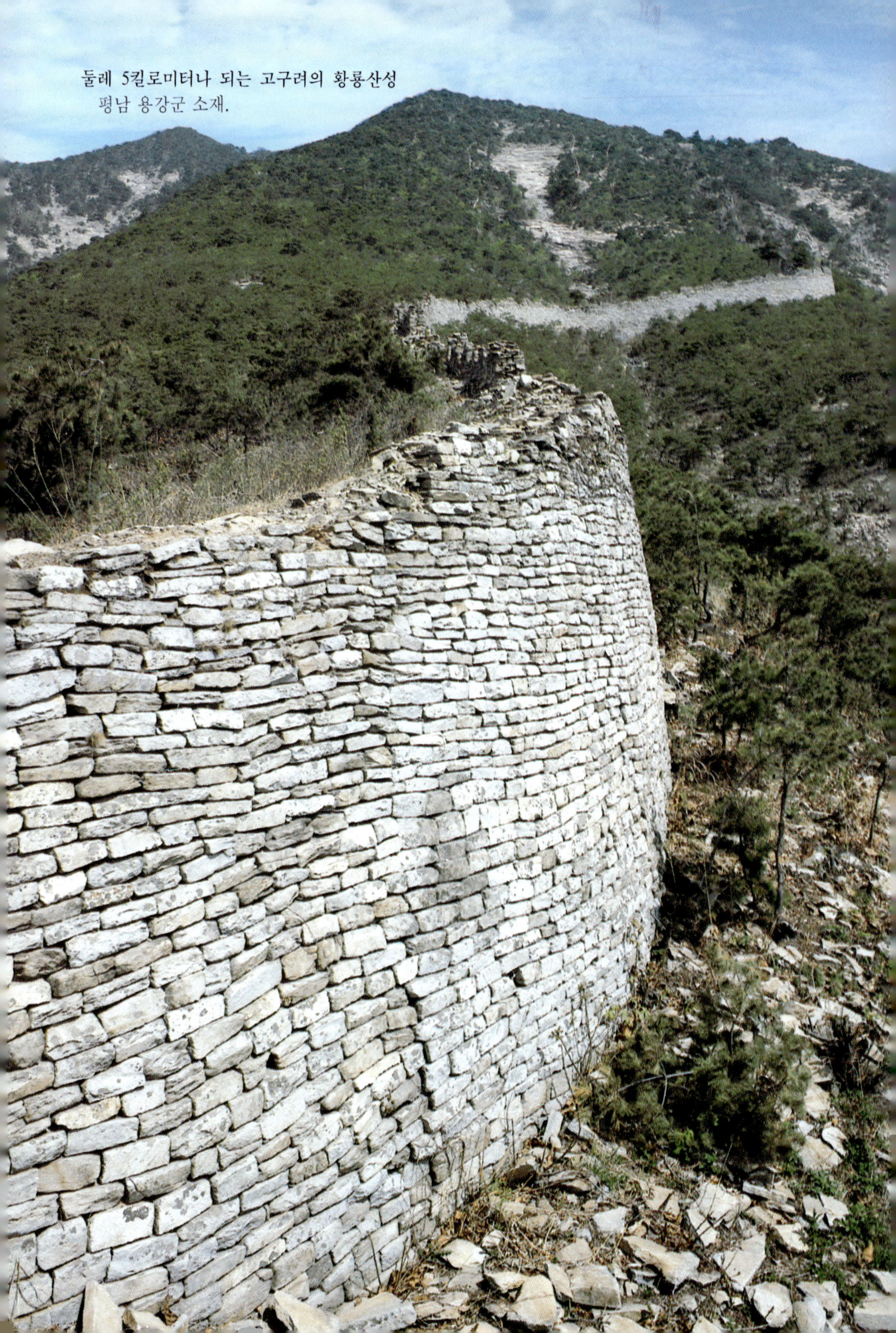

둘레 5킬로미터나 되는 고구려의 황룡산성
평남 용강군 소재.

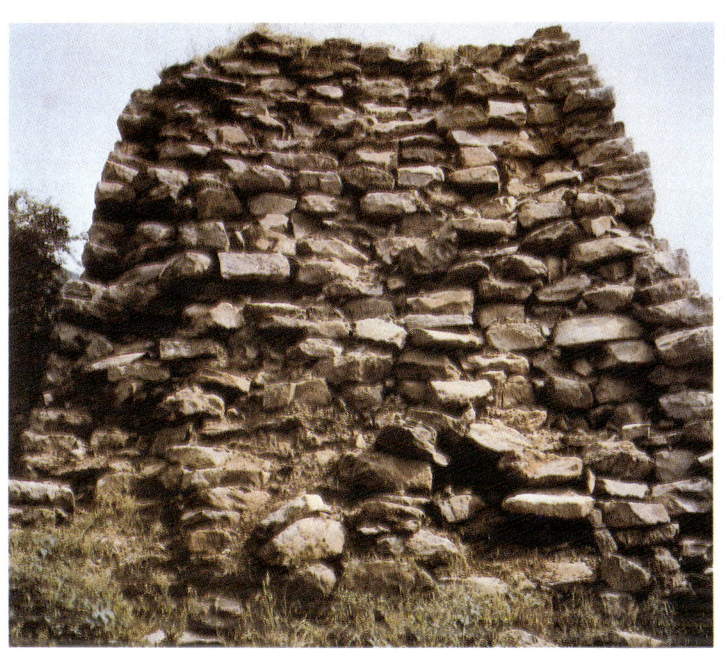

황룡산성 남쪽
성벽 단면

황룡산성 남문터 평면도

국내성(國內城)

초기의 도성인 국내성은 돌로 네모나게 쌓았으며 둘레는 2,860여 미터, 높이는 대체로 5, 6미터, 밑부분의 너비는 10미터 가량이다. 현재 동, 서, 남벽에 성문 터가 남아 있으며 성벽의 네 모서리에는 각루 터가 있으며 일정한 거리를 두고 치성(雉城;성벽에 돌출시켜 만든 시설)도 설치하였고 성벽 바깥에는 너비 10여 미터의 도랑(濠)을 파 놓았다.

국내성은 압록강 북안의 통구에 위치하고 있으며 산성인 위나암성과는 입술과 잇몸의 관계였다.

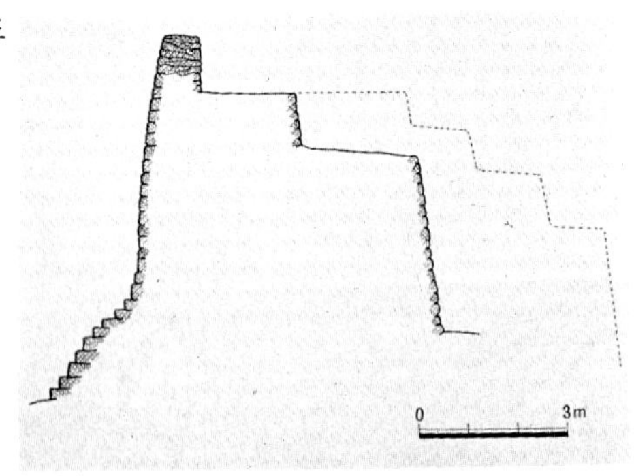

국내성 성벽 단면도

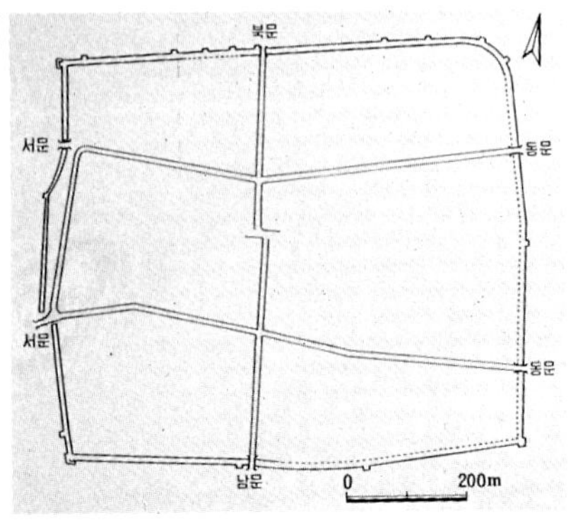

국내성 평면도　현재 동, 서, 남벽에 성문 터가 남아 있다.

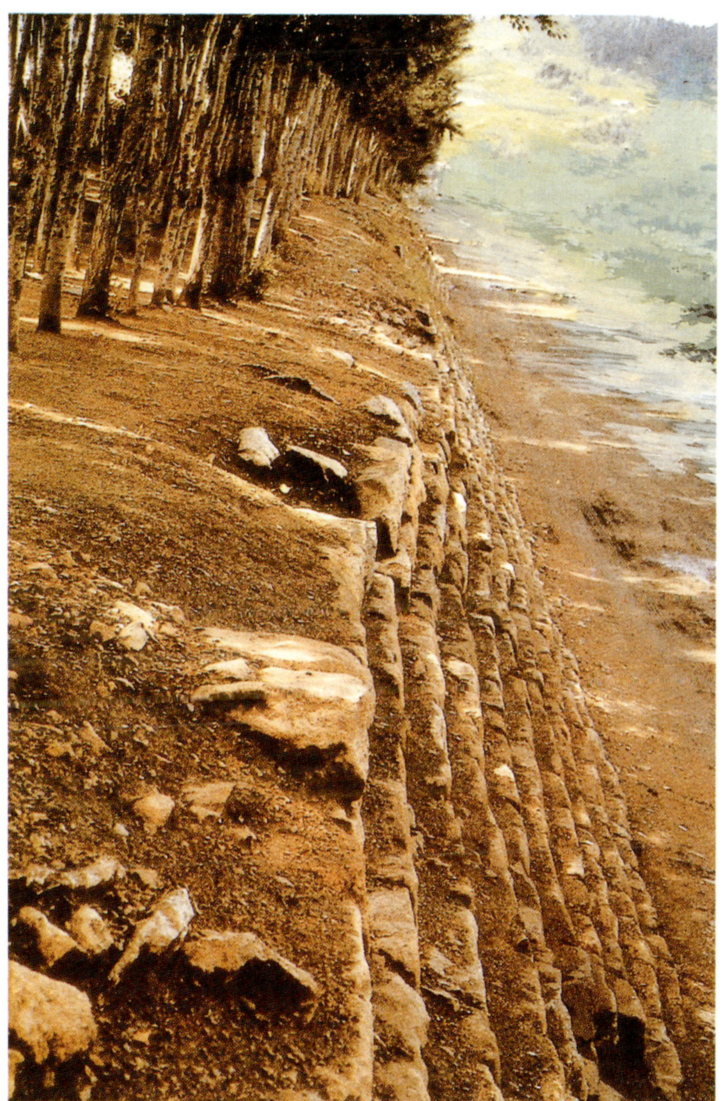

국내성 북쪽 성벽의 윗부분

안학궁성(安鶴宮城)

고구려가 장수왕 15년(427) 평양으로 도읍을 옮겼을 때 궁궐인 안학궁을 둘러싼 내성이다. 한 변이 610미터 되는 토성 벽으로 둘러싸여 있으며 성의 형태는 마름모꼴에 가깝다. 성벽은 돌과 흙으로 쌓았으며 높이는 약 4미터, 동, 서, 북 삼면에 문을 하나씩 냈고 남쪽 벽에는 3개가 있다. 성 안에는 성벽을 따라 2미터 너비로 돌을 깔아 포장한 순환 도로까지 두었고 성문을 연결하는 도로, 궁전과 회랑, 연못, 조산(造山) 등 건축물과 시설물이 있었다.

국내성과는 달리 안학궁성에는 옹성과 치성을 설치하지 않았는데, 이것은 큰 산성인 대성산성을 옆에 끼고 있었기 때문이다.

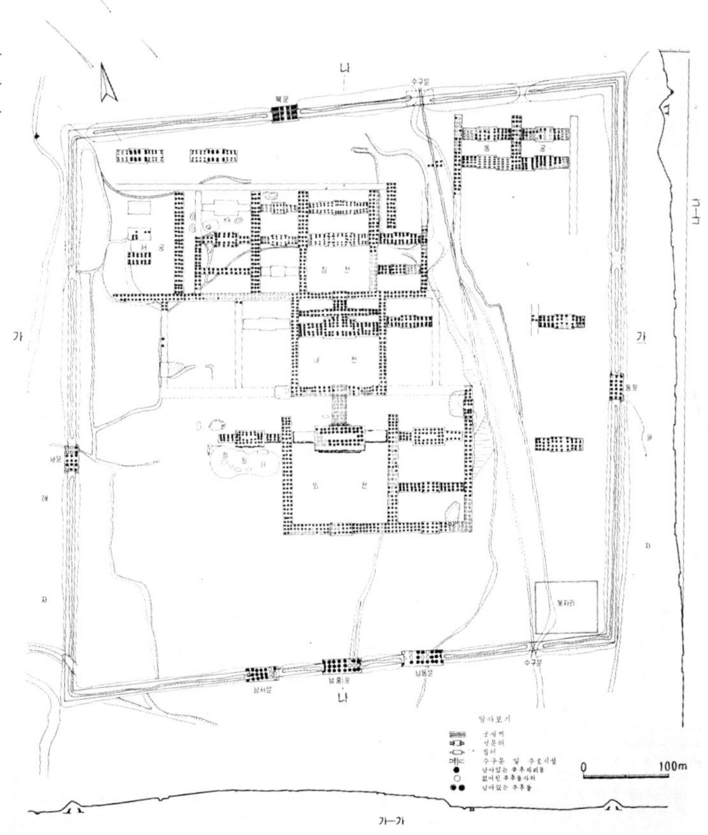

안학궁성 실측도 한 변이 610미터 되는 토성 벽으로 둘러싸여 있으며 성의 형태는 마름모꼴에 가깝다.

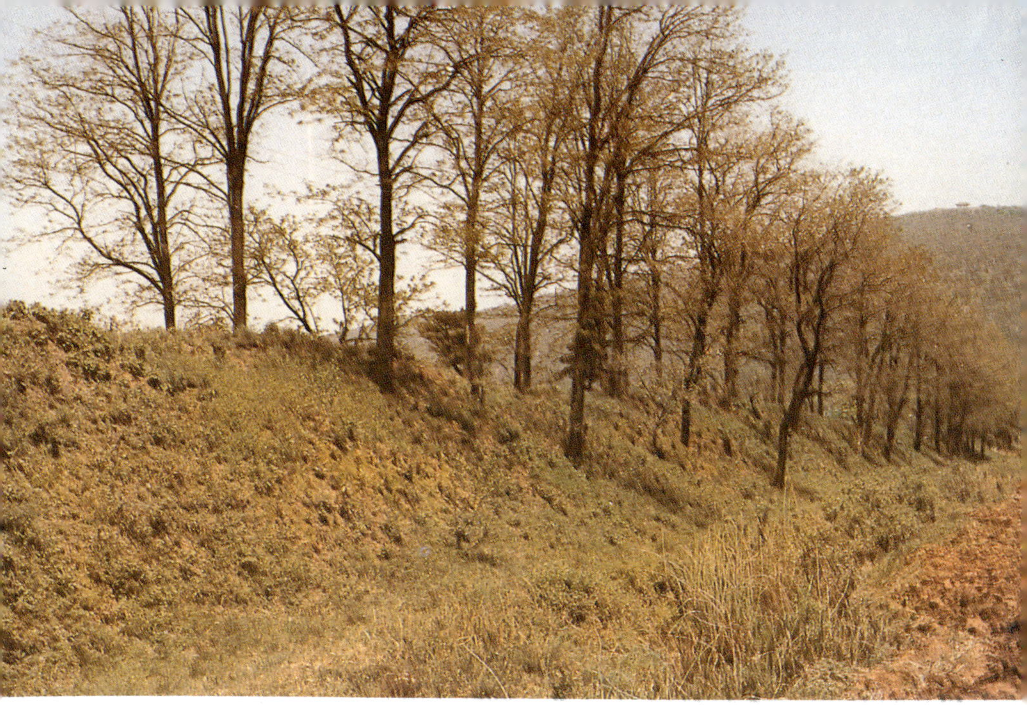

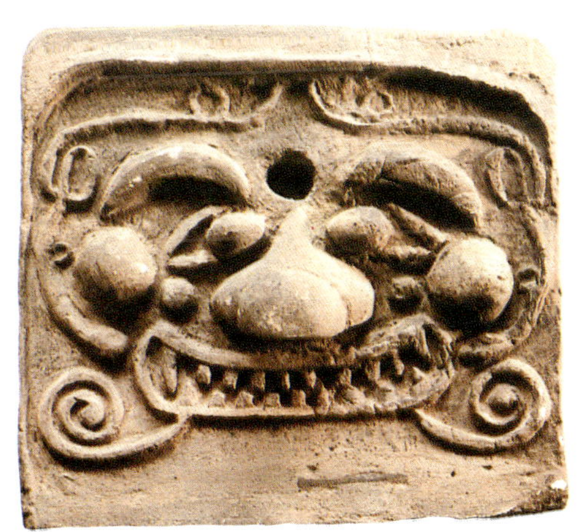

안학궁성의 동쪽 성벽 바깥쪽

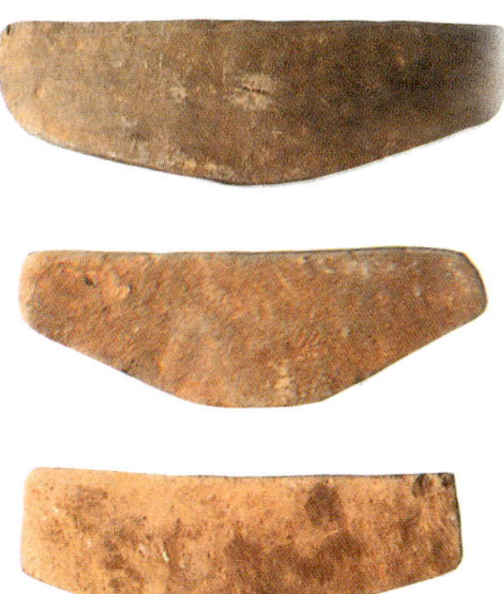

안학궁성에서 출토된 귀면판과 마루옆막새기와

장안성(長安城)

고구려 후기의 도성인 장안성은 평원왕 28년(586)에 축조된 대규모의 도성이다. 장안성은 북성(北城), 내성, 중성, 외성으로 구성된 평산성으로 둘레가 23킬로미터, 총면적이 1,185만 제곱미터에 달하며 동, 서, 남쪽은 대동강과 보통강에 둘러막혀 있고 북쪽은 금수산에 막혀 있다. 네 곳에 성문 터가 남아 있으며 외성 안 평지에는 바둑판 모양의 시가지를 만들어 근대적 도시 형태를 갖추었다.

장안성은 평양성이라고도 부르며 축성과 관련된 글자를 새긴 성돌이 여러 개 발견되었다.

위나암성(尉那巖城)

건국 초 고구려의 도읍지였던 국내성에서 3킬로미터 떨어진 험준한 산속에 위치한 산성이다. 만주 집안현에 있는 높이 676미터의 산성자산(山城子山)의 고지를 중심으로 쌓은 위나암성은 성벽 높이 11.5자, 두께는 3간이고 여장을 설치하였다. 남쪽에는 성문을 두었고 아래쪽에 수구를 설치했으며 남문 안에는 지름 18미터, 높이 6미터의 원추형 장대가 남아 있다.

유리왕 22년에 쌓은 위나암성은 난공 불락의 요새로 적의 내침 때에는 임시 도성으로 활용되었다.

환인(桓因) 오녀산성(五女山城)

고구려의 초기 수도인 집안과 서쪽 지방을 연결시키는 교통의 요충지에 관문처럼 솟아 있는 오녀산에 쌓았다. 오녀산의 여러 봉우리 가운데 가장 높고 험한 320미터의 산허리를 중심으로 그 주위에 성벽을 쌓았다.

오녀산성의 동문 터에는 성벽이 서로 어긋나면서 한 쪽 벽이 다른 쪽 벽을 모나게 감싸면서 ㅣ모양의 옹성을 이루고 있다. 이런 형식의 옹성은 오녀산성과 국내성에서만 보이기 때문에 가장 오랜 시기의 고구려 옹성이라 할 수 있다.

　성 안에는 '천지(天池)'라고 부르는 장방형의 연못이 있는데, 주변을 돌로 쌓아 사시사철 마르는 일이 없다고 한다.

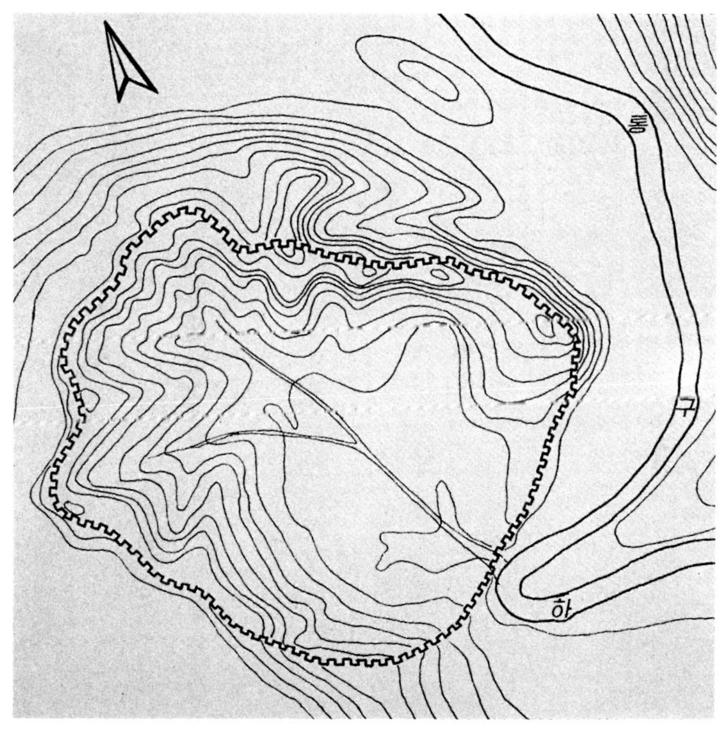

위나암성 평면 약도　만주 집안현에 있는 높이 676미터 산성자산의 고지를 중심으로 쌓았다.

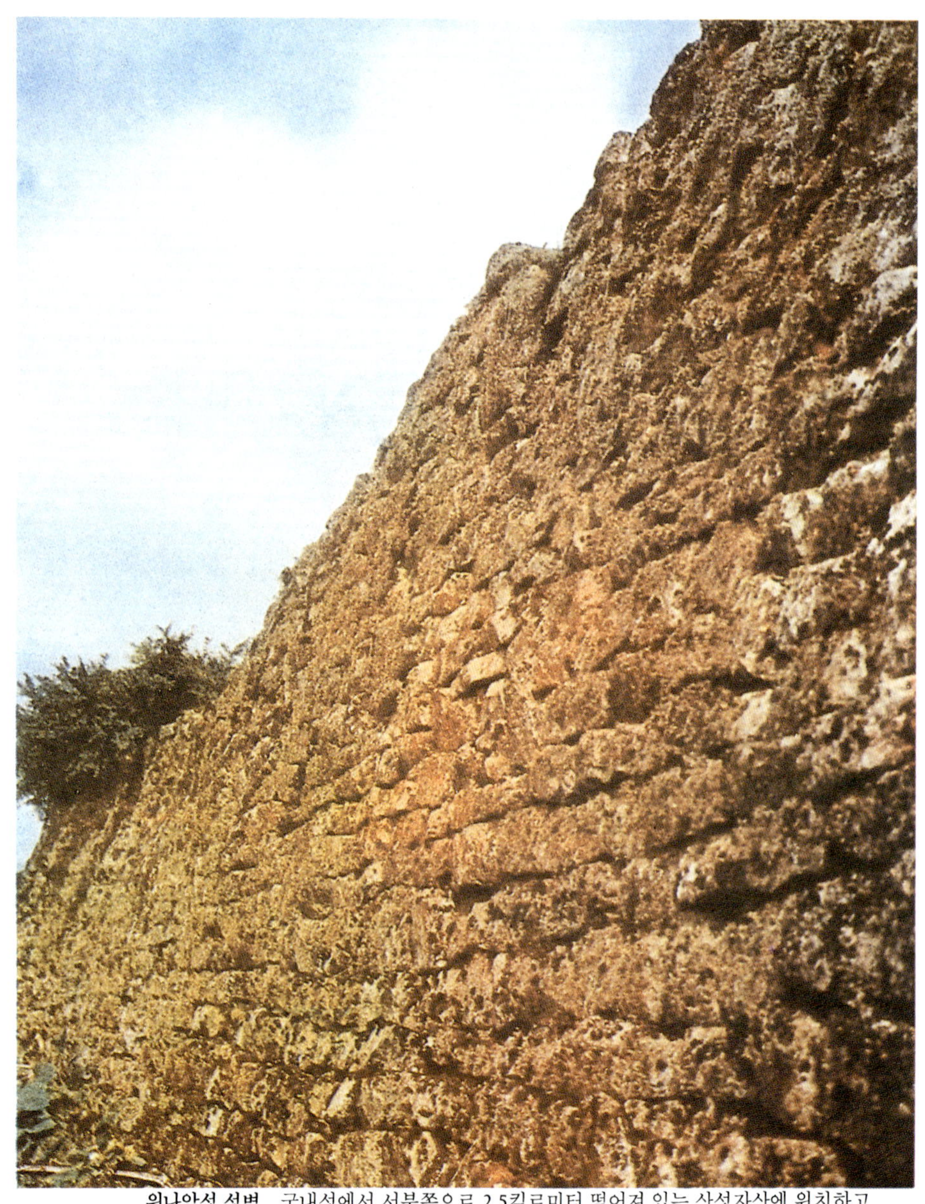

위나암성 성벽 국내성에서 서북쪽으로 2.5킬로미터 떨어져 있는 산성자산에 위치하고 있다.

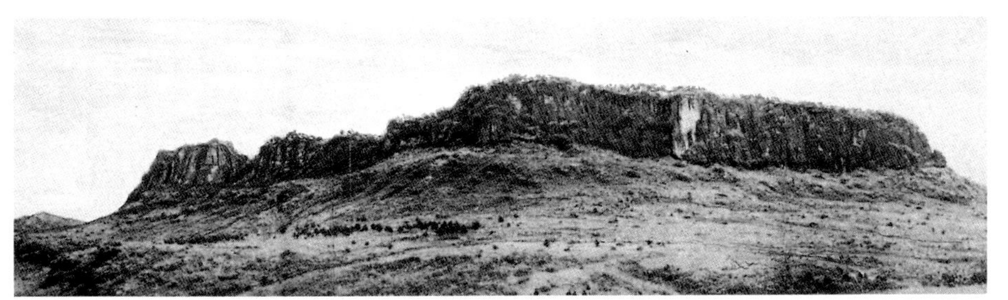

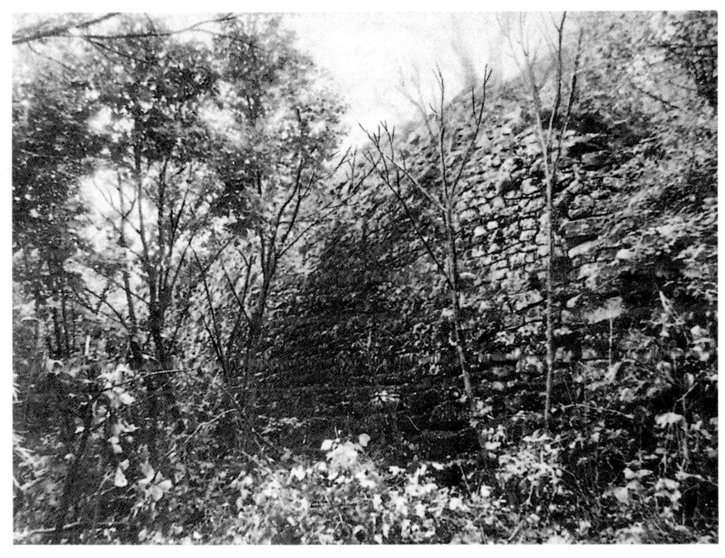

오녀산성 고구려의 초기 수도인 집안과 서쪽 지방을 연결시키는 교통의 요충지에
관문처럼 솟아 있는 오녀산에 쌓았다. (맨 위)

오녀산성의 성벽 (위)

패왕조산성(浿王朝山城)

집안현 패왕조총의 동북쪽에 있는 돌로 쌓은 산성으로서 동, 서, 북 삼 면이 험한 산봉우리에 의해 둘러막힌 산에 축조되었다. 성의 남쪽은 산세가 점점 낮아져 산골짜기를 통하여 평지와 연결된다. 이곳은 고구려의 수도 집안으로 통하는 남쪽의 군사, 교통의 요충지이다.

성벽의 네 귀퉁이에는 성벽을 밖으로 내민 장방형의 축대 흔적이 남아 있는데 각루가 설치되었던 곳으로 보인다. 동남 모서리의 축대는 길이 5.5미터, 너비 6미터이다. 성벽에는 여장이 설치되었으며 여장 밑에 돌을 정연하게 쌓은 구멍이 일직선상에 놓여 있다.

길림(吉林) 용담산성(龍潭山城)

흙으로 쌓은 고구려의 토성으로 북문 쪽 성벽의 높이는 10미터나 된다. 흙으로 쌓은 부분은 극히 적고 대부분 흙과 돌을 섞어서 축조하였다. 성 안에는 네모난 석축 연못이 있으며 병영과 창고 터가 남아 있다.

평양 대성산성(大成山城)

대동강 북안에 있는 높이 274미터 고지를 중심으로 6개의 산봉우리를 성벽으로 둘러막은 산성이다. 대성산 밑에 있는 도성인 안학궁을 방어하는 외성의 구실을 했다.

대성산성은 수원이 풍부하여 문헌에는 99곳의 연못이 있었다고 한다. 연못 바닥은 진흙과 막돌을 섞어서 굳게 다진 다음, 그 위에 다시 큼직큼직한 막돌을 깔아 물이 바닥으로 스며들지 않게 하였다. 성 안 제일 높은 곳에 북장대(北將臺)를 설치하였는데, 이 부근에서 주춧돌과 기왓장들이 많이 출토되었다.

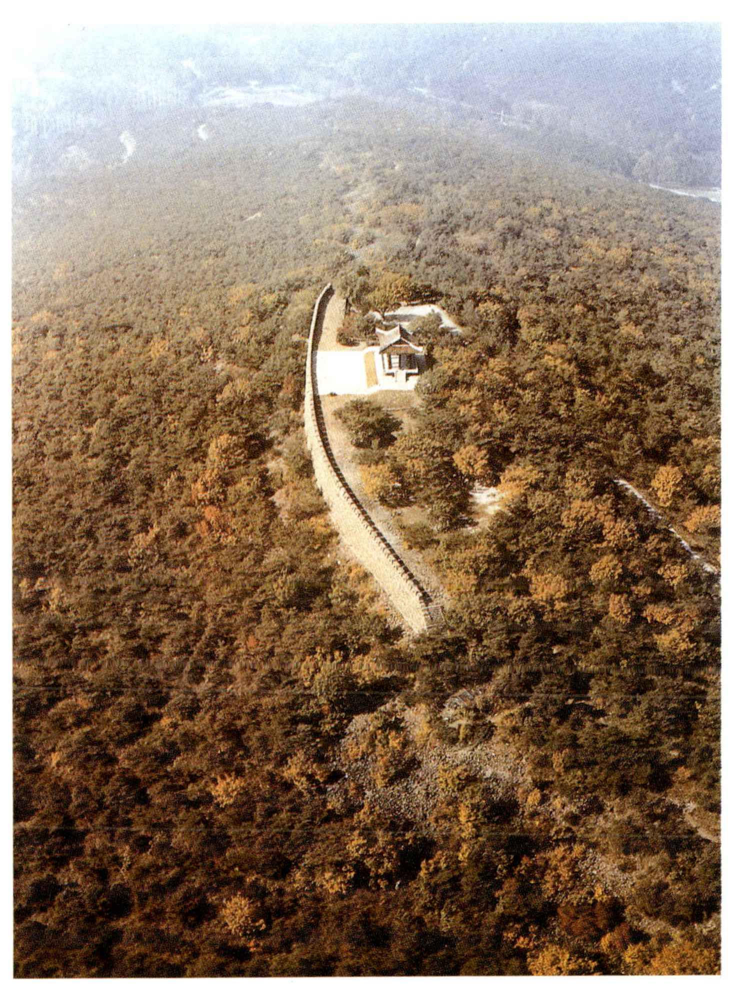

대성산성 소문봉 성벽 성 안 제일 높은 곳에 북장대를 설치하였는데 이 부근에서 주춧
돌과 기왓장들이 많이 출토되었다.

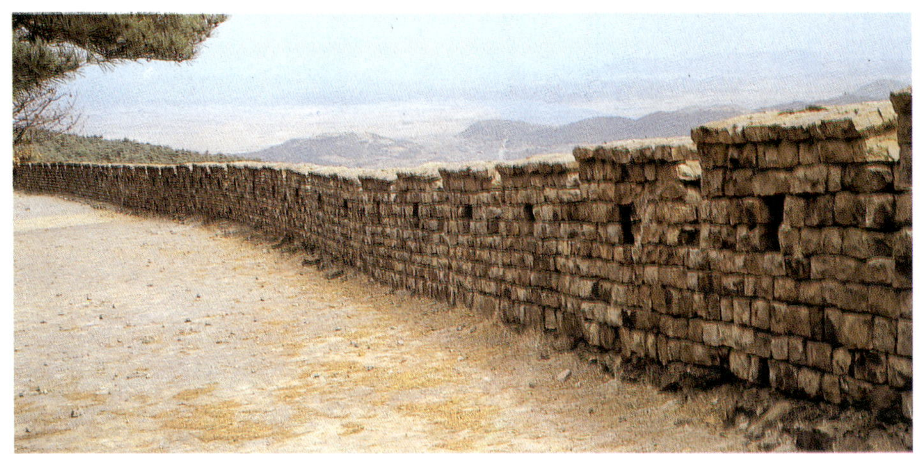

대성산성의 복구된 소문봉 성벽 안쪽
(위)

대성산성의 복구된 소문봉 성벽 **바깥
쪽** 대성산 밑에 있는 도성인 안학궁
성을 방어하는 외성의 구실을 했
다.(오른쪽)

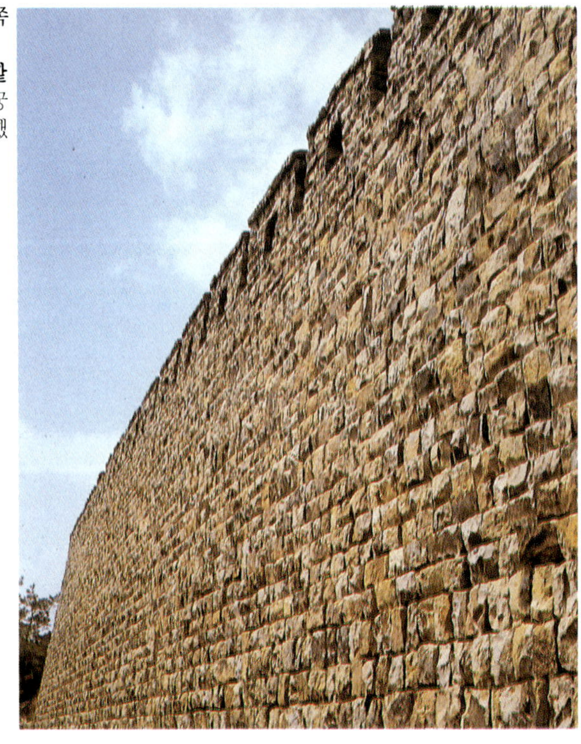

용오리(龍五里)산성

능선을 따라 동서로 길게 뻗은 동, 서벽 끝에 각루 터가 있으며 동벽의 북쪽 끝부분에 너비 1.7미터, 높이 2미터의 암문이 있고 남문 근처의 성벽 안쪽에 봉수 터가 설치되어 있다.

북벽에서 10미터쯤 떨어진 산마루에는 장대를 설치하였는데 장대는 축대를 쌓고 그 위에 기와집을 지었던 것 같다.

남문에는 성문 밖을 반원형으로 감싼 옹성이 남아 있으며 이런 형식의 옹성은 오녀산성이나 위나암성의 모난 옹성에 비해 후기의 것으로 알려져 있다.

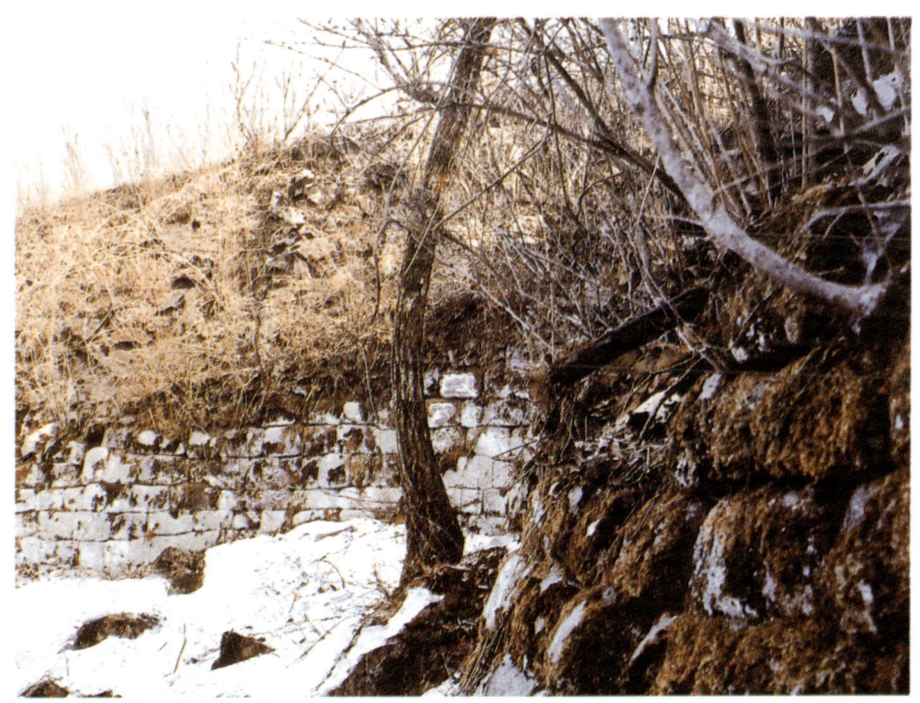

용오리산성의 동북쪽 치성

순천(順川) 자모산성(慈母山城)

큰 길로 평양과 연결된 교통의 요충지일 뿐만 아니라 산줄기를
타고 대성산성에 연결된 중요한 산성으로 황률산성과 더불어 평양
을 좌우에서 지키는 군사적 요충이다. 이같은 중요성 때문에 성벽에
특별히 많은 치성을 설치하였는데 동, 서, 남벽에 각각 5개씩 모두
19개를 갖추었다.

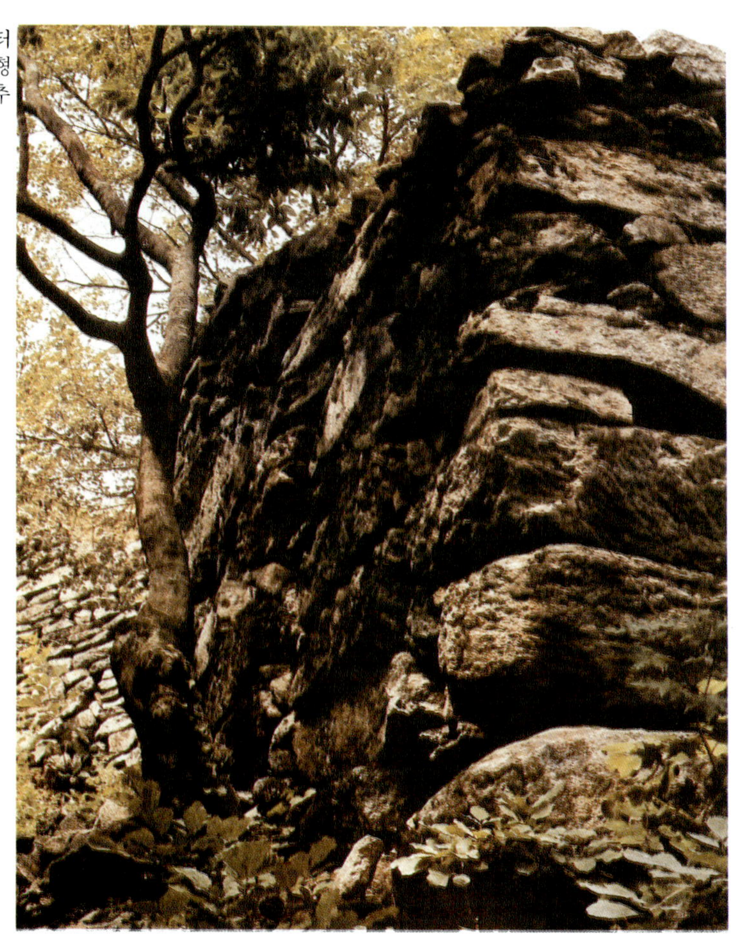

수양산성의 남문터
남문에는 반원형
의 옹성을 갖추
고 있다.

수양산성(首陽山城)

동문 밖에 돌로 쌓은 5개의 화두(火頭)가 남아 있다. 원추형으로 생긴 화두는 봉수를 올리는 시설물로 크기는 높이 3.5미터, 밑부분 지름 3미터이며 높이 2미터쯤 되는 곳에 아궁이를 내고 그 위로 둥근 구멍이 관통되어 있다. 이런 시설로 미루어 봉수 제도는 일찍부터 발달하였던 것을 알 수 있다. 남문에는 반원형의 옹성을 갖추고 있다.

단양(丹陽) 온달성(溫達城)

충북 단양군 영춘면(永春面)에 고구려의 산성인 온달성이 남아 있다. 서북쪽으로 남한강 상류와 절벽을 끼고 있는 해발 400미터의 산 정상에 축조된 성벽은 서남쪽 일부를 제외하면 거의 완전한 형태로 남아 있다. 수직으로 쌓아올린 성벽은 납작하고 반듯한 돌을 사용하여 특이한 형태를 보여 준다.

성벽의 내, 외면을 모두 석축으로 쌓았고 특히 성벽이 휘어지는 곡성 부분은 완만하게 처리하여 아름다운 조형미를 보여 주기까지 한다. 성벽에는 동문과 남문 터가 남아 있고 북쪽으로 네모난 수구도 원형을 잘 지니고 있다.

성의 둘레는 약 1.2킬로미터, 성벽의 높이는 3 내지 4미터인데 높은 곳은 8.5미터나 된다.

성벽의 북면에 돌출된 망대가 하나 있고 남면에는 3개의 망대가 가지런히 축조되어 있어 온달성이 남쪽 영주(榮州) 방면을 감시하기 위한 요새임을 알 수 있다. 「여지도서(輿地圖書)」에는 "온달이 이곳을 지키기를 청하여 성을 쌓았다"고 되어 있으며 이 일대에는 온달 장군과 관련된 여러 가지 지명과 전설이 전해지고 있다. 온달성은 고구려 남단의 전초 기지로서 역사적으로 중요한 의미를 지니고 있다.

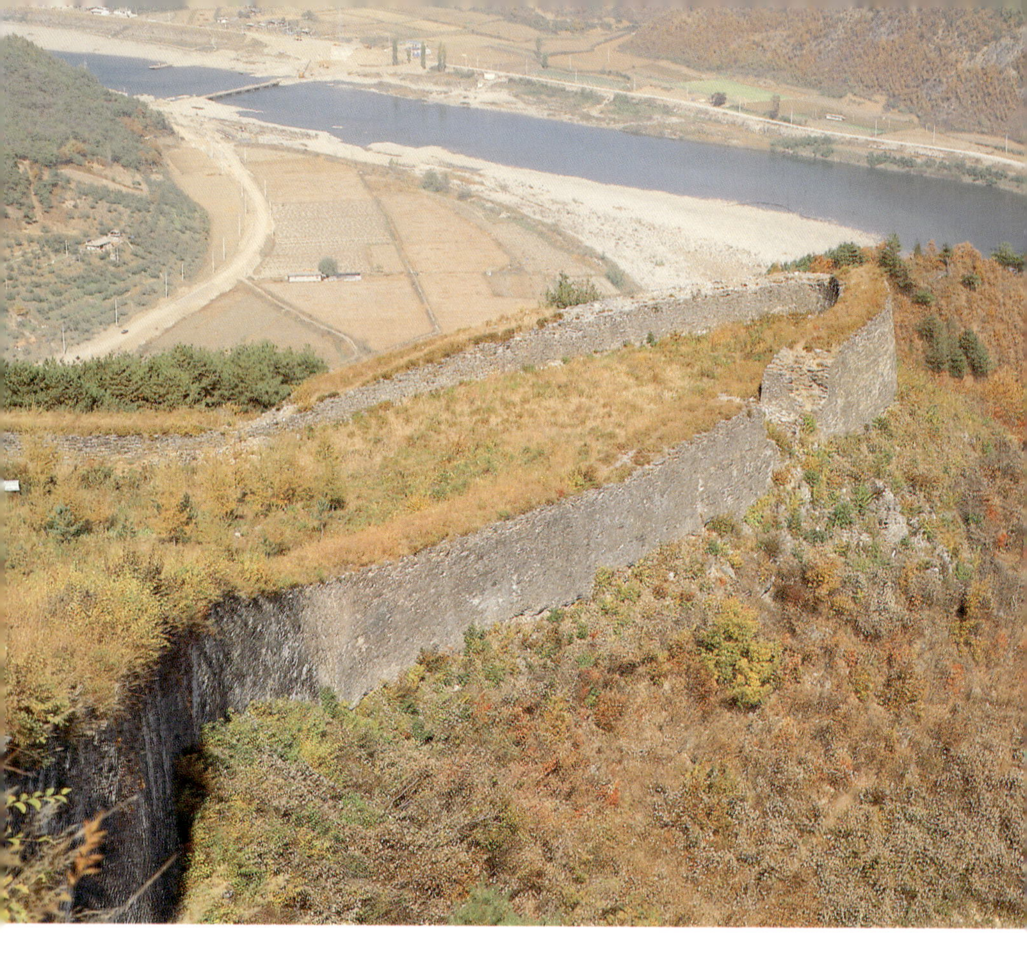

온달성 성벽 성벽의 내, 외면을 모두 석축으로 쌓았고 특히 성벽이 휘어지는 곡성 부분은 완만하게 처리하여 아름다운 조형미까지 보여 준다.

백제의 성곽

백제는 두 번이나 천도를 해야 하는 불운 속에 삼국 가운데에서 가장 많은 성을 쌓았다. 또한 토성과 목책을 많이 설치하였는데, 이는 백제의 영토가 산상보다 평지가 많았기 때문이다.

백제의 축성은 왕도(王都)를 방어하는 데 주력하였는데 위례성 시대에는 한강 유역에 말갈과 고구려를 방비하는 축성을 많이 했고 웅진 시대에는 공주를 중심으로 그 주변 지역에 고구려와 신라를 막기 위해 성을 쌓았다. 사비 시대에는 부소산 위에 왕궁을 둘러싼 토성인 부소산성을 쌓고 외곽으로 반달 모양의 나성을 만들었으며 정연한 도성 제도가 확립되어 있었다. 초기 백제 시대의 것으로는 한강변의 풍납리토성, 몽촌토성과 광주의 이성산성 등이 대표적이고 북한산의 일부 산성과 이차산성, 불암산성, 공주의 공산성, 부여의 증산성, 성흥산성, 청마산성 등이 남아 있다.

웅진 시대에는 처음에 산 위에 위치한 공산성 안에 궁궐을 지었다가 나중에 평지인 공산동(公山洞) 일대로 옮겼던 것 같다. 공주를 중심으로 한 충남북 지방에는 많은 성터들이 남아 있으나 웅진 시대의 것인지, 사비 시대의 것인지 분명히 밝혀지지 않고 있다. 대전 부근에도 적지 않은 백제 시대의 산성이 남아 있는데 이들은 둘레 1킬로미터 미만의 작은 규모로서 테뫼형이다.

풍납리(風納里)토성

서울 성동구 광나루의 천호대교 아래쪽 풍납동에 남아 있는 토성이다. 서쪽으로는 한강에 접해 있고, 남쪽으로는 작은 시내를 사이에 두고 몽촌과 송파로 통하는 길이 나 있으며 서북쪽으로는 한강을 사이에 두고 아차산성을 바라보는 위치에 있다.

풍납리토성은 초기 백제의 중요한 방어 시설로 그 규모가 비교적

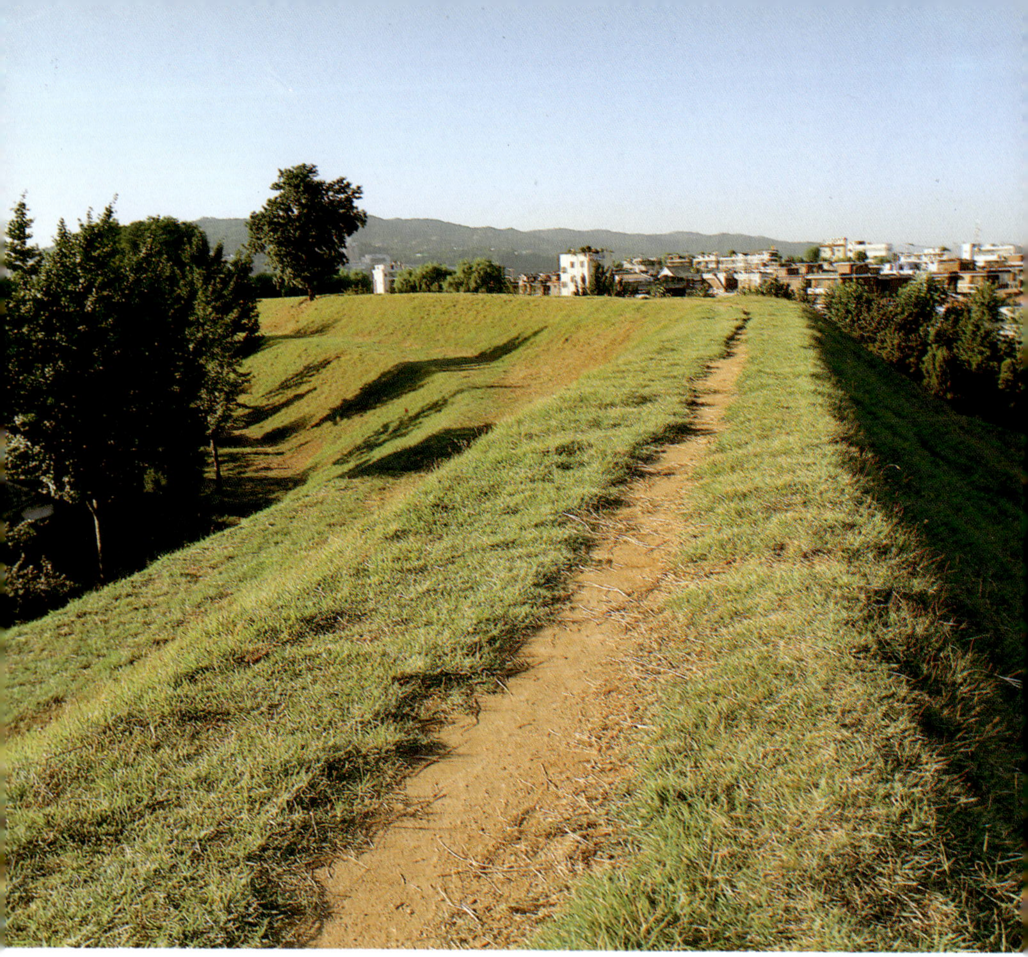

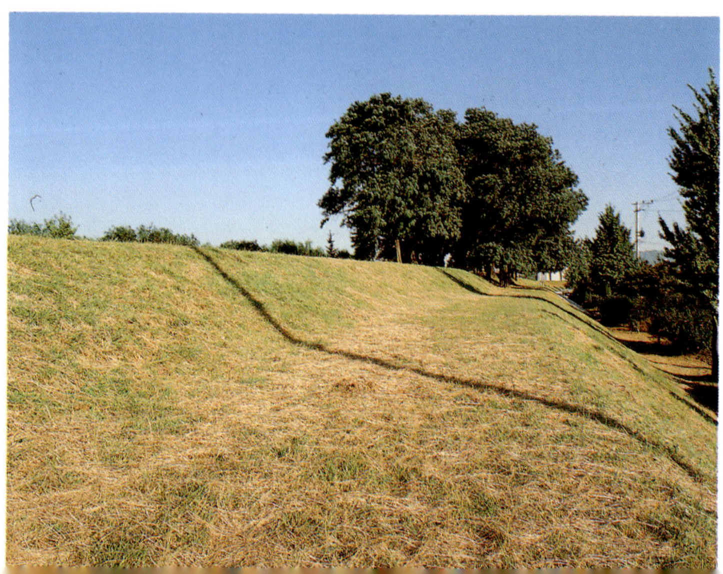

웅대하여 둘레가 4킬로미터나 된다. 남북 약 3킬로미터, 동서 1킬로미터의 타원형에 가까운 평지 토성이다. 동쪽 성벽에는 몇 군데 성문 터가 남아 있으나 한강에 면한 성벽은 거의 물에 떠내려가 유실되고 현재는 동북쪽 귀퉁이와 동쪽 부분이 잘 남아 있다.

성벽의 내부에는 돌이 거의 없고 고운 모래를 한층 한층 다져서 쌓아올렸으며 높이가 약 8미터, 밑부분의 폭이 약 30미터이다.

1926년 대홍수 때 성 안 남단에서 청동제 초두(鐎斗;불을 담는 손잡이 달린 그릇) 2개가 발견되었고 1966년 발굴 조사 때 성 안에서 많은 토기를 수습함으로써 다수의 주민들이 살았던 거주지로 확인되었다.

풍납리토성은 백제 초기의 도읍인 하남 위례성으로 추정하는 견해도 있다. 현재 남아 있는 성벽은 2.2킬로미터 정도이다.

몽촌(夢村)토성

풍납리토성과 더불어 백제 초기의 도읍지로 밝혀진 토성이다.

지금은 올림픽 공원 안에 들어가 있지만 원래는 천호대교를 지나 송파(松坡) 쪽으로 가는 길 중간에 몽촌 부락이 있었고 이 마을에 몽촌토성이 위치하고 있었다.

올림픽 공원 조성을 위해 1985년 발굴 조사가 이루어졌는데 말재갈, 말 발걸이, 말편자 등 철제 마구류와 갈색 회유(灰釉) 처리가 된 도기 조각 등이 출토되어 몽촌토성의 연대를 3세기로 올려보게 되었고 초기 백제 시대에 철기 문화가 보급되었음을 확인할 수 있었

풍납리 토성　서울 성동구 광나루의 천호대교 아래쪽 풍납동에 남아 있는 백제 초기 토성이다.(옆면 위, 아래)

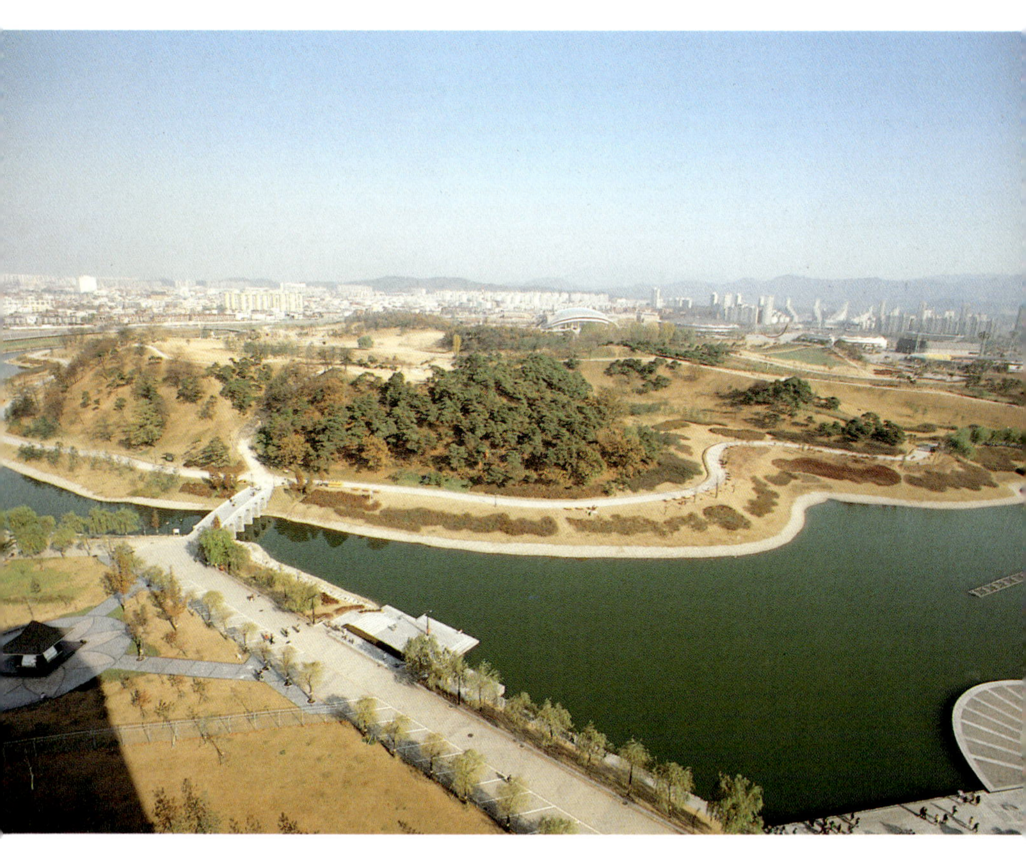

몽촌토성 백제 초기의 도성으로 밝혀진 토성이다. 토성 바깥으로 하천을 파고 물을
끌어댄 해자도 발견되었다.

다. 또한 토성에 설치되었던 목책 유구와 토성 외곽에 하천을 파고 한강 물을 끌어댄 해자(垓子)의 흔적을 발견, 이 토성이 하남 위례성의 주성(主城) 곧 궁궐이 있던 곳으로 결론을 내리게 되었다. 토성 안에서 백제 초기의 옹관, 토기, 어망추 등 수백 점의 생활 용품이 출토되었으며 3개의 성문 터를 확인하였다.

몽촌토성은 타원형의 내성과 그 바깥에 달린 외성으로 나누어져 있다. 총둘레는 2,285미터이며 성 안 면적으로 미루어 8,000 내지 10,000명 가량의 인구가 살았을 것으로 추정된다.

광주(廣州) 이성산성(二聖山城)

경기도 광주군 서부면에 위치한 이성산성은 백제 초기 도읍지인 하남 위례성과 연관되는 산성으로 총둘레 1,925미터에 내부 면적이 50,000평 가량 된다. 풍납리토성, 몽촌토성과 함께 도성 권역으로 추정되는 곳이며 성 안에서 대형 건물 터와 옹관묘, 석관묘 등이 발견되었고 백제 세동의 도기도 많이 수습되었다.

북한산성(北漢山城)

백제 초기의 도읍인 위례성의 외곽을 방어하는 산성으로 개루왕 5년(459)에 축조되었다. 삼국이 영토의 각축전을 빌이던 시기에 북한산성은 치열한 쟁탈 대상이 되어 자주 공방전이 벌어졌다.

개루왕 21년(475)에는 고구려군이 북한산성을 함락시키자 백제의 도성도 무너져 웅진으로 도읍을 옮기게 되었다. 진평왕 25년(603)에는 신라가 차지하고 있던 북한산성을 고구려군이 포위 공격하였으나 왕이 친히 군사를 이끌고 와서 이를 구원한 일도 있다.

험준한 산세를 이용하여 축성하였기 때문에 공격하기 어려운 산성이다. 현재의 성벽은 조선 숙종 때 쌓은 것이며 삼국시대의 것으로는 토성이 약간 남아 있을 뿐이다.

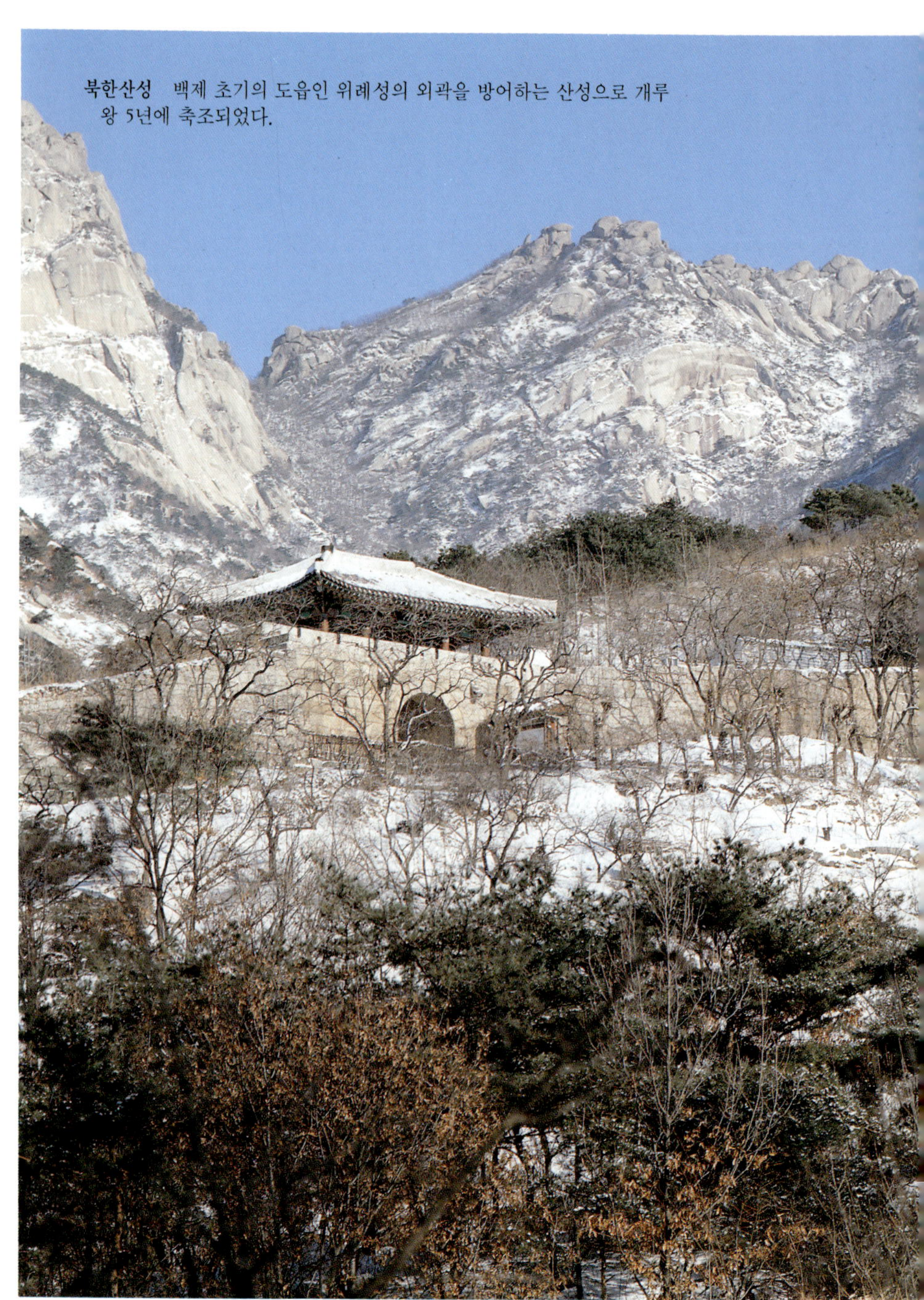

북한산성　백제 초기의 도읍인 위례성의 외곽을 방어하는 산성으로 개루
　왕 5년에 축조되었다.

아차산성(阿且山城)

서울 동부의 한강변에 위치하고 있는 광장동(廣壯洞)은 남북 교통의 중요한 나루터로서 그 배후에 있는 아차산(阿嵯山) 위에 삼국시대 산성인 아차산성이 자리잡고 있다.

한강을 내려다볼 수 있는 산허리 일대에 쌓은 이 산성은 표고 200미터의 산정에서 시작하여 동남으로 한강을 향하여 완만하게 경사진 산중턱을 둘러서 약 1킬로미터가 넘게 뻗쳐 있다.

테뫼식에 속하는 산성이지만 규모가 크고 성 안에 작은 계곡을 갖고 있다. 성벽은 삭토법(削土法)에 의해 대체적인 형태를 축조한 뒤 그 위쪽에 낮은 석루를 쌓아올렸다. 현재는 돌이 무너져 성벽의 높이는 바깥쪽은 10미터 가량, 안쪽은 1, 2미터 정도이다.

백제 초기 한성 시대에 아차산성은 강 건너편에 있는 풍납리토성과 함께 도성을 빙어하는 중요한 요새로 추정된다. 고구려의 온달 장군이 죽령 이북의 땅을 회복하고자 출정했다가 이 산성 밑에서 신라군과 싸우다 전사하었나.

공주(公州) 공산성(公山城)

웅진 시대 백제의 임시 도읍이었던 공산성은 금강을 끼고 우뚝 솟은 산 위에 쌓은 천연의 요새이다. 한성에서 고구려에 밀려 천도하는 절박한 상황이라 산 위에 궁궐을 짓고 도읍으로 정하였다.

성 안에서 암문, 수구, 연못, 건물 터, 목곽 창고 터 등 많은 유구가 발견되었는데 돌로 네 벽을 쌓고 바닥에도 돌을 깔아 만든 깊이 4.2미터, 지름 7.8미터의 큰 연못이 발견되어 이곳이 궁궐 터임을 확인시켜 주었다. 이 연못에서는 백제시대의 기왓장이 많이 출토되었다. 둥근 모양의 이 연못은 궁궐 앞에 축조하였던 것으로 생각된다. 공산성의 둘레는 2,660미터로 467미터가 토성으로 되어 있다.

공산성은 조선 인조 때(1624) 왕이 이괄(李适)의 난을 피해서 뒤로 10일 동안 피난해 와 있던 곳이기도 하다.

부여 증산성(甑山城)

백제의 수도 부여를 수호하기 위한 북쪽의 외곽성으로 부여에서 금강을 건너 약 4킬로미터 떨어진 증산면 해발 200미터의 산 위에 위치하고 있다. 산꼭대기에 마치 흰 '시루테'를 두른 것처럼 보인다 해서 증산성이란 이름이 붙여졌다.

둘레는 약 600미터, 성벽의 높이는 3 내지 4미터 정도인데 남쪽 벽이 가장 잘 남아 있고 나머지는 거의 무너져 돌을 쏟아 놓은 듯하다. 석재로는 하얀 차돌을 많이 써서 멀리서 보면 흰 용이 산을 감고 있는 것 같다.

성의 북쪽에는 북문 터, 동남쪽과 서쪽에는 성문 터가 있으며 동남쪽 문 옆에는 백제 때 쌓은 것으로 보이는 옛 우물이 남아 있다.

부여 성흥산성(聖興山城)

백제의 도읍이었던 부여를 수호하기 위해 금강 하류 대안에 축조한 중요한 산성이다. 동성왕(東聖王) 23년(501) 위사좌평 백가(苩加)를 시켜 쌓았으며 둘레 약 800미터, 성벽 높이 3 내지 4미터로 서쪽 성벽이 가장 잘 남아 있다.

표고 261미터의 산 위에 위치하고 있어 금강과 부여군 임천면이 한눈에 내려다보인다. 성벽은 겉면만 석축으로 하였고 안쪽은 호를 파고 그 흙으로 쌓았으며, 석재는 잘 다듬은 화강석을 사용하여 백제 시대의 뛰어난 축성술을 보여 준다.

성흥산성은 석성에 외곽으로 토성을 연결시킨 특이한 형태를 갖추었고, 토성에 다시 작은 보루가 붙어 있다. 백제 부흥 운동 당시 당나라 장수 유인귀(劉仁貴)도 "성흥산성은 험하고 견고하므로 당장 칠 수 없다"고 지나쳤다고 한다. 성 안에는 건물 터와 3곳의 우물 터가 있으며 망루도 있다. 망루에 서면 금강 하구와 부여 시내가 한눈에 보인다.

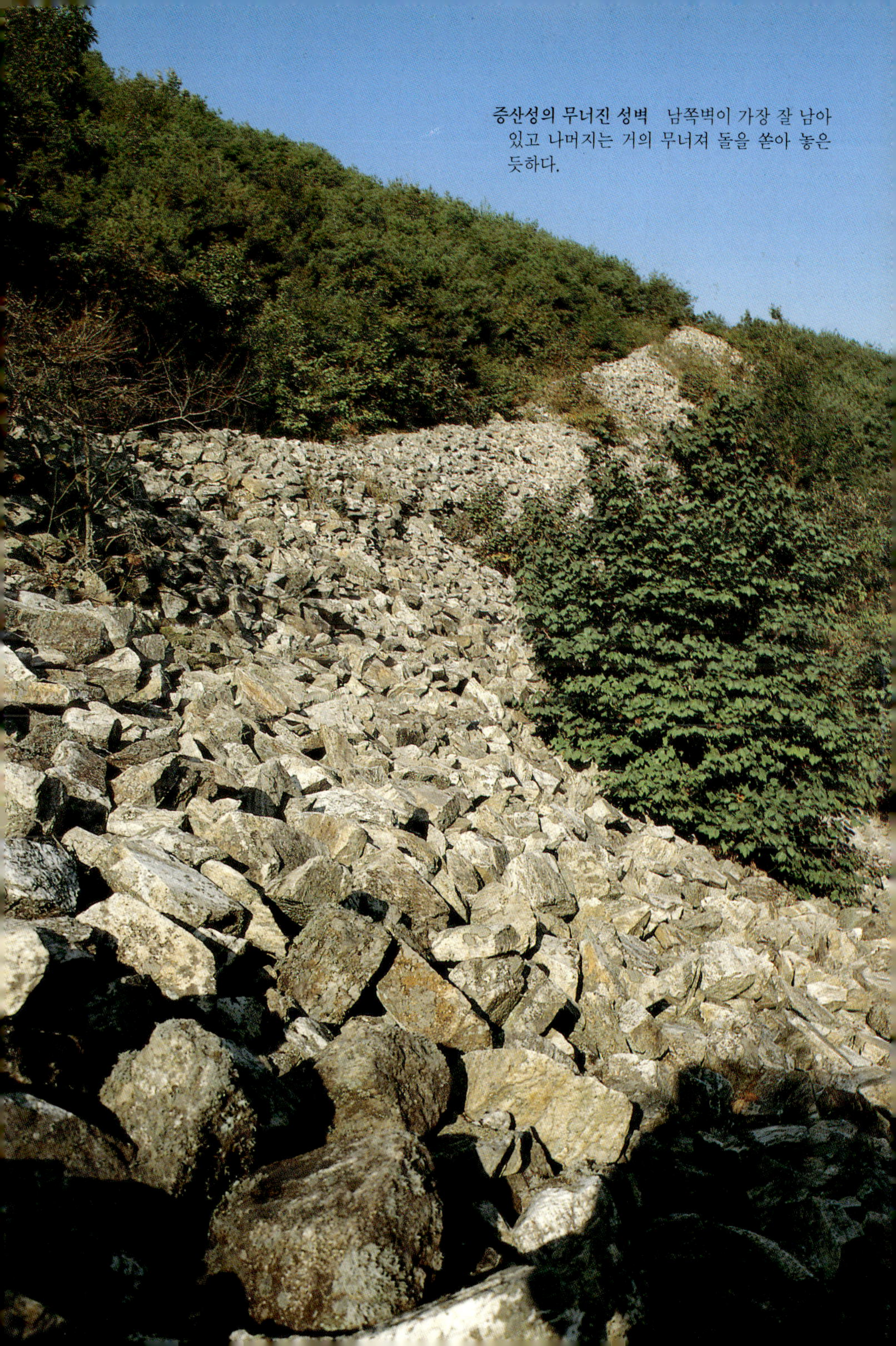

증산성의 무너진 성벽 남쪽벽이 가장 잘 남아 있고 나머지는 거의 무너져 돌을 쏟아 놓은 듯하다.

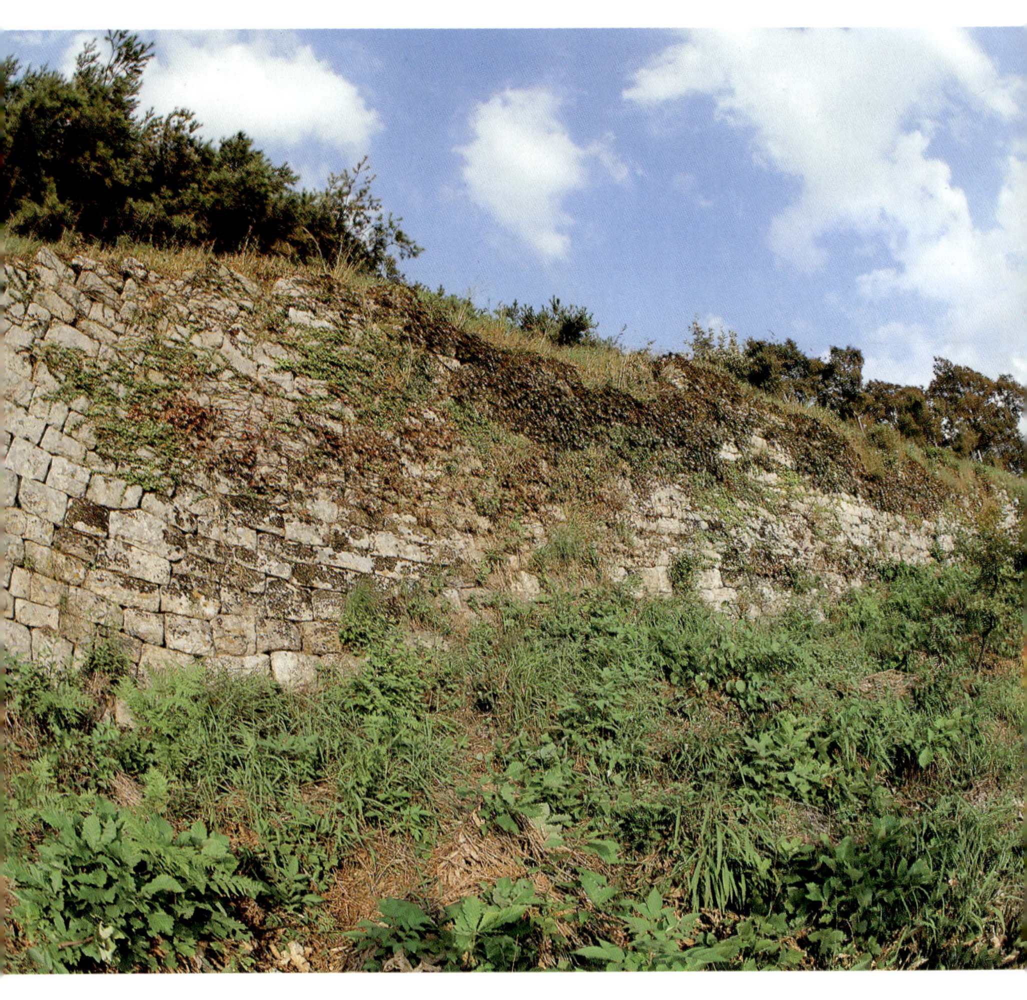

성흥산성 성벽 성벽은 겉면만 석축하였고 안쪽은 호를 파고 그 흙으로 쌓았으며, 석재를 잘 다듬은 화강석을 사용하여 백제시대의 뛰어난 축성술을 보여 준다.

익산(益山) 미륵산성(彌勒山城)

익산의 백제 미륵사터 뒤쪽에 솟은 해발 430미터의 미륵산에 위치한 석축 산성으로 산 정상의 동쪽에서부터 말 발굽 모양의 성벽이 산중턱까지 걸쳐 있다.

부여 시대의 백제가 익산에 별궁을 짓고 미륵사를 세우던 무렵에 축조된 것으로 보인다. 전설에 따르면 기자(箕子) 조선의 마지막 임금인 준왕(準王)이 위만에게 나라를 빼앗기고 이곳에 내려와 마한을 세우고 이 성을 쌓았다고 한다. 그래서 이곳 주민들은 이 산성을 기준성(箕準城)이라고 부른다. 정상에는 300미터 가량의 성벽이 남아 있는데 높이 2 내지 3미터, 폭 5 내지 6미터이며 둘레는 2킬로미터 정도이다. 무너진 성벽의 단면에서 석축 내부가 토축으로 되어 있음을 알 수 있다.

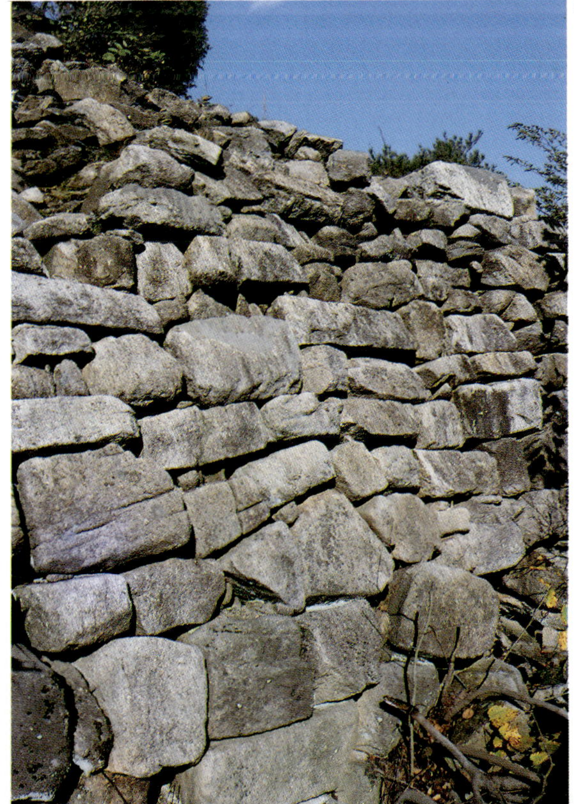

미륵산성 성벽 300미터 가량의 성벽이 정상에 남아 있다. 높이 2 내지 3미터, 폭 5내지 6미터이며 둘레는 2킬로미터 정도이다.

한산(韓山) 건지산성(乾芝山城)

서북쪽으로 멀리 장항 앞바다가 내려다보이는 한산 건지산 정상에 쌓은 토성이다. 말 안장 모양의 산 정상을 중심으로 테뫼식 산성을 300미터 가량 쌓았고, 산성의 북쪽 봉우리를 기점으로 서북쪽 계곡을 둘러싸는 둘레 1,200미터의 토성이 축조되었다. 토석 혼축으로 된 이 산성은 백제 부흥 운동의 본거지인 주류성(周留城)으로 비정(比定)되기도 한다. 동쪽 계곡 입구에 동문 터와 수구가 있고 성 안에는 탄화된 쌀이 나오는 군창 터가 남아 있다.

예산(禮山) 임존성(任存城)

백제가 망한 뒤 유장(遺將) 흑치상지(黑齒常之) 등이 유민을 거느리고 백제 부흥을 꾀하였던 곳이다.

예산군 대흥면(大興面)에 있는 해발 483미터의 봉수산(鳳首山) 정상에 쌓은 임존성은 산 아래로 예당 저수지가 내려다보이는데, 옛날에는 산 밑까지 바닷물이 들어왔다고 한다. 성벽 높이 2.5미터, 폭은 약 3.5미터 가량이며 성 안에는 너비 7 내지 8미터의 내호(內壕)가 둘러져 있다.

남쪽 성벽에 수구가 있으며 성 안의 물을 수구로 이끌기 위해 폭 60미터, 깊이 90센티미터의 도랑이 있고 그 위로는 넓적한 판석이 덮여져 있다. 성벽의 네 귀퉁이는 약간 더 높게 쌓았고 남문 터의 양쪽에는 거대한 장방형의 석축 구조가 남아 있다.

성 안은 평평하게 경사를 이룬 넓은 분지로 되어 있는데, 넓이는 약 268,600평이나 되며 계단식으로 된 건물 터가 여러 곳에 남아 있고 우물 터도 있다.

이 산성에서 흑치상지는 기세를 떨쳐 나당 연합군을 깨뜨리고 인근의 잃어버린 땅을 회복하였다. 후삼국시대에도 고려 태조와 견훤이 격전을 벌였던 곳이다.

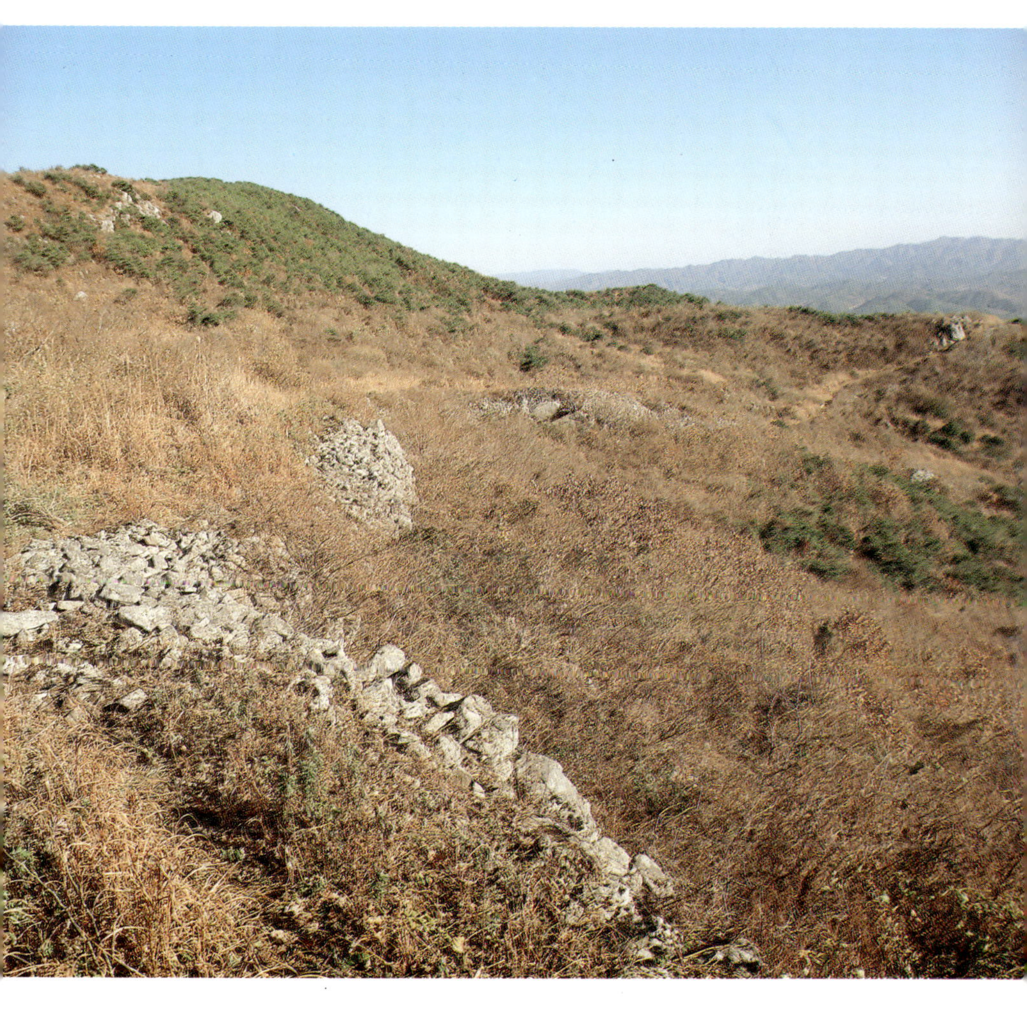

임존성　충남 예산군 대흥면에 있는 해발 483미터의 봉수산 정상에 쌓았다.

신라의 성곽

고대 국가로서 삼국 가운데 가장 늦게 출발한 신라는 서남쪽으로 백제, 가야와 국경을 접하게 되고 이들의 도전을 받아야 했으며 바다 건너 왜(倭)의 침공도 그치지 않았다. 또 동북으로는 동해안을 따라 말갈(靺鞨)이 수시로 침범해 왔고 진평왕 때부터는 남으로 내려오는 고구려의 세력에 맞서 항쟁해야 했다. 이러한 세력들의 틈바구니에서 성장한 신라는 일찍부터 성을 쌓기 시작하였다. 시조 박혁거세가 왕 21년(기원전 37)에 서울에 금성(金城)을 쌓았다는 기록이 있으나 금성이 성곽을 의미하는지는 분명하지 않다. 파사왕 때에는 왕궁인 월성을 쌓았으나 왕궁의 주위에는 나성이 없었다.

신라가 고대 국가로 성장하던 내물왕대부터 법흥왕대까지는 주로 왜에 대한 방어를 목적으로 동해 연해변과 통로에 축성이 많이 이루어졌다.

특히 20대 자비왕(慈悲王) 때에는 10개의 성이 축조되었으며 지방의 요새인 삼년산성을 쌓기도 하였다. 삼년산성은 신라의 삼국 통일 전초 기지로서 중요한 역할을 한 성인데 3년이나 걸려 축성했다는 기록이 보인다. 경주 동쪽에 위치한 명활산성은 경주의 관문으로 중요시되었다.

명활산성(明活山城)

월성의 동쪽으로 경주의 외곽을 방어하기 위해 쌓은 석성이다. 자비왕이 한때 이곳으로 궁궐을 옮겼으며 소지왕도 월성으로 다시 옮길 때까지 명활산성에 머물러 있었다. 도성 외곽의 중요한 관문이었던 까닭에 여러 차례 수축했다는 기록이 보인다. 현재 성벽은 거의 허물어져 돌무더기만 남아 있다. 해발 259미터의 능선을 따라 4.5킬로미터나 뻗쳐 있는 명활산성은 높이 10미터가 넘으며 발굴 조사 결과 내벽 석성에 높이 5미터의 외벽을 갖춘 이중 구조의 성곽으로 판명되었다.

깬 돌과 냇돌로 쌓아 만든 완벽한 타원형 수구가 성벽에서 발견되었고 깬 돌을 수직으로 쌓은 성벽의 틈새를 잔돌이나 진흙으로 메웠다. 성벽의 밑부분은 자갈과 진흙을 함께 다져 층을 만들었다. 실성왕(實聖王) 4년(405) 왜병이 명활산성에 쳐들어왔다는 기록으로 미루어 그리 멀지 않은 시기에 축성된 것 같다.

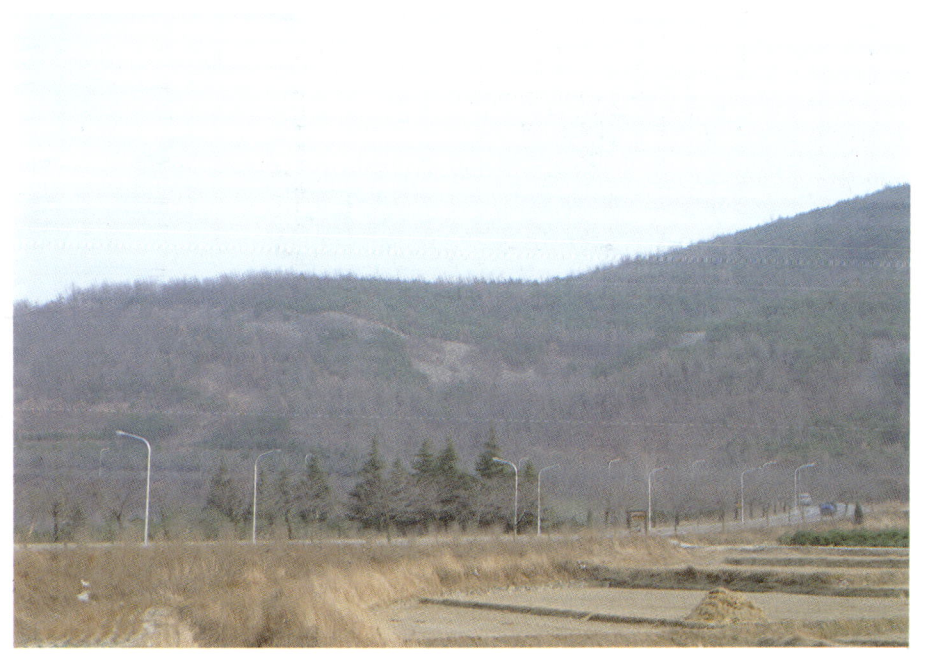

명활산성 경주의 외곽을 방어하기 위해 쌓은 석성이다. 현재는 성벽은 거의 허물어져 돌무더기만 남아 있다.

남산성(南山城)

진평왕 13년(591)에 쌓은 남산성은 좌우의 명활산성과 서형산성에 대응하여 도성 수비를 완벽하게 해주는 역할을 하였다. 금오산(金鰲山)의 북쪽 봉우리를 싸안고 동서의 계곡을 끼어 성 안에는 수량이 풍부하고 산 정상에 서면 경주벌이 한눈에 들어온다.

삼국이 치열한 각축을 벌일 때 고구려, 백제의 침략에 대비해서 축성한 것으로 축조 당시에는 남산 신성(新城)이라고 불렸다. 산정의 돌출한 곳마다 기왓조각이 흩어져 있어 망루(望樓)와 치첩이 설치되어 있었음을 알 수 있다.

골짜기를 건너는 곳마다 수문을 두었던 흔적이 남아 있으며 3곳의 창고 터가 있다. 현재 성벽의 둘레는 3,750미터이다. 1934년 남산 근처에서 '남산 신성 축성비'의 비석 조각 4개가 발견되어 축성 공사가 끝난 뒤 비석을 세웠음을 알 수 있다. 비문에는 "진평왕 13년 2월에 공사를 완성했다"는 기록과 함께 공역에 동원된 백성과 관직의 이름이 나타나고 있다. 또 "3년 안에 성이 무너지면 그 죄를 다스리겠다"는 기록도 보인다.

부산성(富山城)

문무왕 3년(663) 북쪽에서 침입하는 적을 방어하기 위해 쌓은 산성이다.

성 안에는 군창 터, 우물, 연병장 등이 남아 있는데 「세종실록지리지」에는 성 안에 내(川)가 4곳, 못이 1곳, 우물 5개와 군창이 있다고 되어 있다.

창녕(昌寧) 화왕산성(火旺山城)

창녕읍 동쪽에 우뚝 솟은 해발 756미터의 험준한 화왕산 꼭대기에 자리잡고 있다. 정확한 축성 연대는 밝혀지지 않았으나 신라

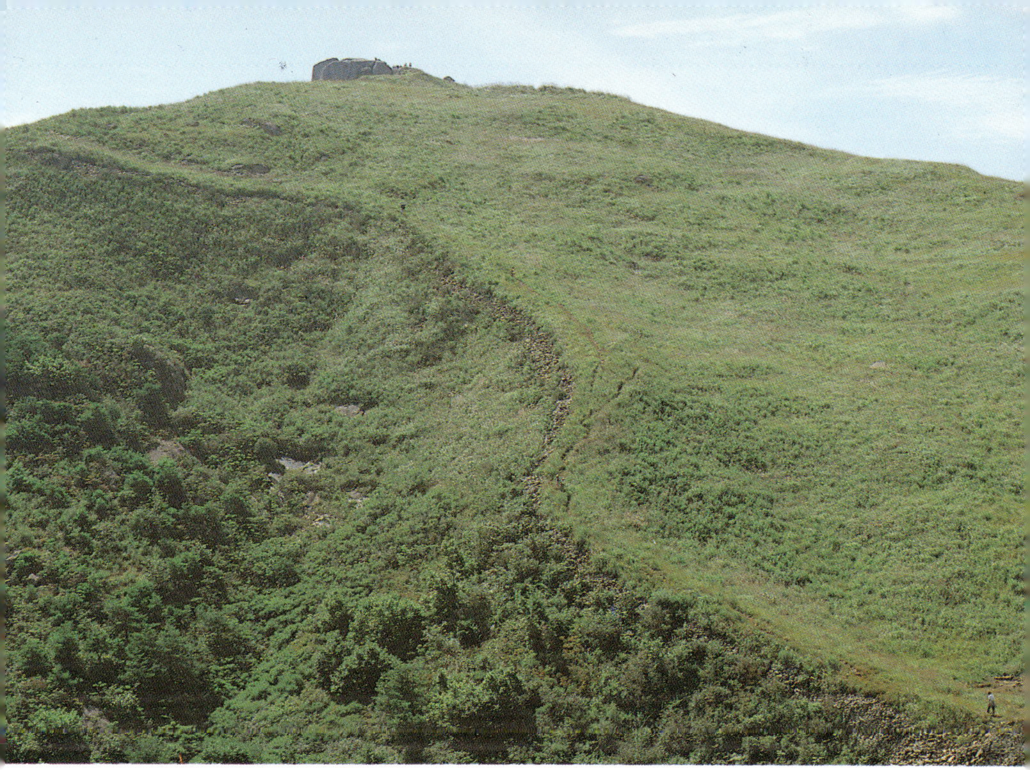

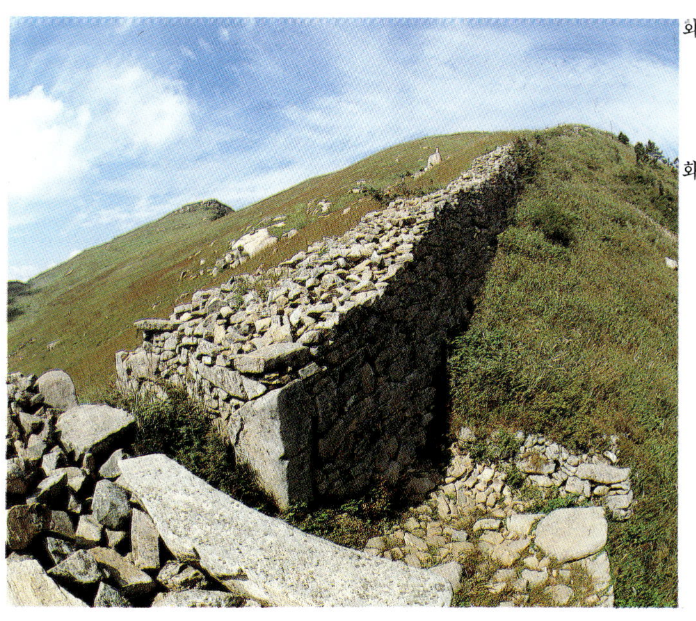

화왕산성 성상의 성벽 성상은 말 안장처럼 된 분지를 이루고 있는데 이 분지를 둘러싸고 산성을 쌓았다.(위)

화왕산성 동문에서 높은 봉우리까지는 성벽이 잘 남아 있으며 기단에 큰 돌을 쌓고 그 위에 잡석을 쌓아올렸다.(왼쪽)

진흥왕 이전의 축성으로 추측되며 창녕이 가야의 옛 땅이므로 가야의 축성으로 추정되기도 한다.

산 아래쪽에는 목마산성(牧馬山城)이 있어 정상의 화왕산성과 호응했던 것 같다. 산비탈은 경사가 60도나 되고 온통 바위에 뒤덮여 험고한 지세를 이루고 있으며 정상은 말 안장처럼 된 분지를 이루었다. 이 분지를 둘러싸고 산성을 쌓았는데, 둘레는 2.6킬로미터이고 성벽 높이는 2 내지 3.5미터, 폭이 4 내지 5미터 가량 된다. 「세종실록지리지」에는 "둘레가 1,127보(步), 경내에 9개의 우물이 있다"라고 적혀 있다.

동문에서 높은 봉우리까지는 성벽이 잘 남아 있으며 기단에 큰 돌을 쌓고 그 위에 잡석을 쌓아올렸다.

화왕산성은 임진왜란 이전까지는 폐성이 되었다가 임진왜란이 일어나자 홍의 장군 곽재우(郭再祐)의 의병 근거지가 되었다. 선조 29년(1596)에 화왕산성을 수축하였으며 이듬해 곽재우 장군이 내성을 쌓았다.

보은(報恩) 삼년산성(三年山城)

자비왕 13년(470) 북변을 방어하기 위해 축조한 산성으로 착수한 지 3년 만에 완성했다고 해서 삼년산성이란 이름이 붙여졌다.

충북 보은군에서 동쪽으로 떨어진 오정산(烏頂山) 위에 능선을 따라 축성된 삼년산성은 삼국을 통일한 당시 백제와 고구려를 정벌하던 전초 기지로 삼았던 성이다. 둘레 1.6킬로미터의 장방형을 이루고 있으며 성벽 높이는 4 내지 5미터, 폭이 6 내지 7미터로서 동쪽 골짜기에 쌓은 성벽은 높이가 13미터나 되어 사다리를 걸치고도 오르기가 어렵게 되어 있다. 수직으로 된 성벽은 잡석을 층층이 교묘하게 쌓아올리고 틈새를 작은 돌로 끼워 맞추었다. 내외면이 모두 석축으로 된 것이 특징이며 성벽 요소요소에 반원형의 치성이

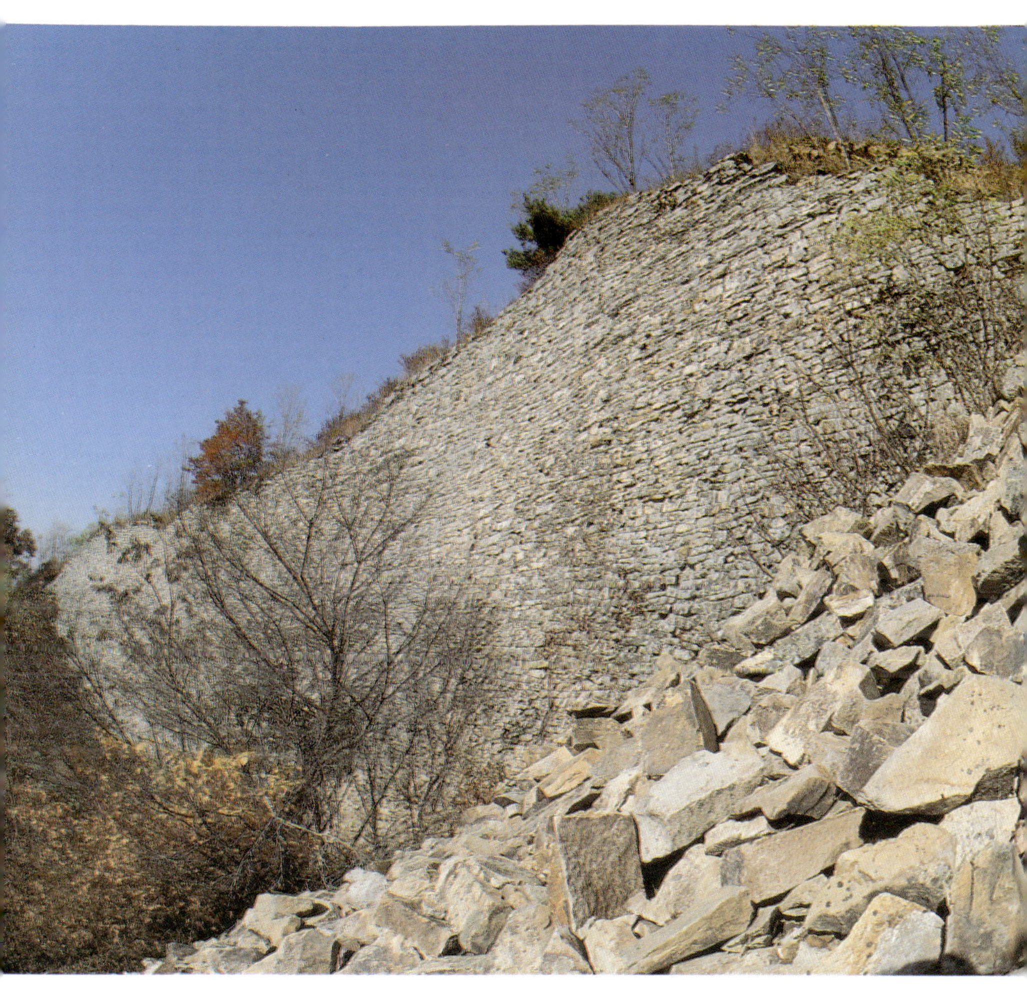

보은 삼년산성의 높다란 성벽   수직으로 된 성벽은 잡석을 층층이 교묘하게 쌓아올리
고 틈새를 작은 돌로 끼워 맞추었다.

설치되었고 모서리에는 망루 터가 남아 있다. 동문과 서문 터가
남아 있으며 동벽에는 아직도 형태가 완전한 수구가 남아 있어 뛰어
난 축성 기술을 보여 준다.

청주 상당산성(上黨山城)

청주 시내에서 동북쪽으로 20리 떨어진 상령산(上嶺山) 위에
있는 산성으로 정확한 축성 연대를 알 수 없으나 삼국시대의 축성으
로 추측된다. 성벽의 상당 부분은 자연석을 차곡차곡 쌓아올려 삼국
시대 축성 수법을 보여 준다.

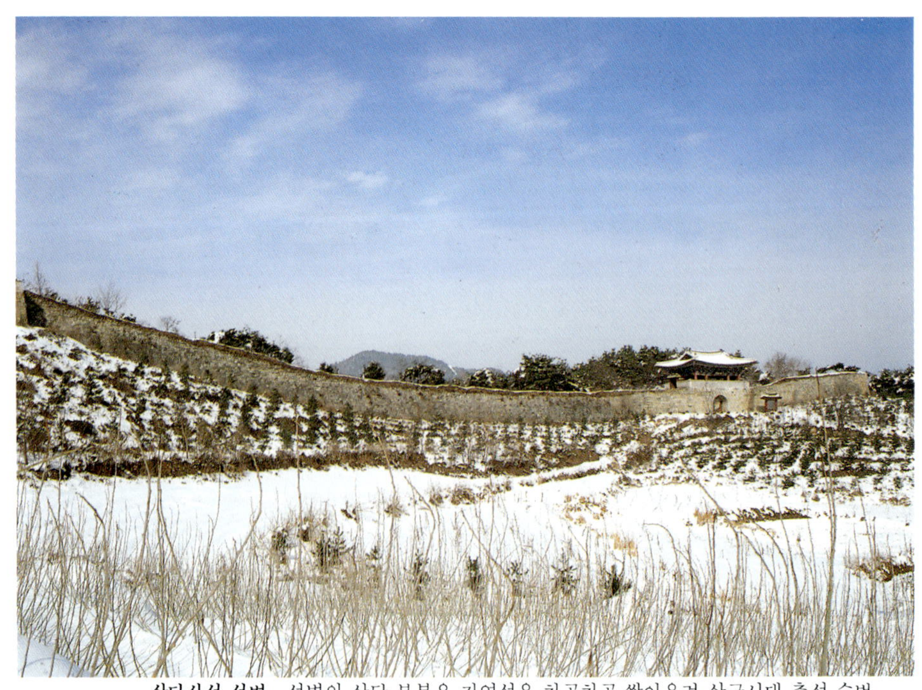

상당산성 성벽　성벽의 상당 부분은 자연석을 차곡차곡 쌓아올려 삼국시대 축성 수법
을 보여 준다.

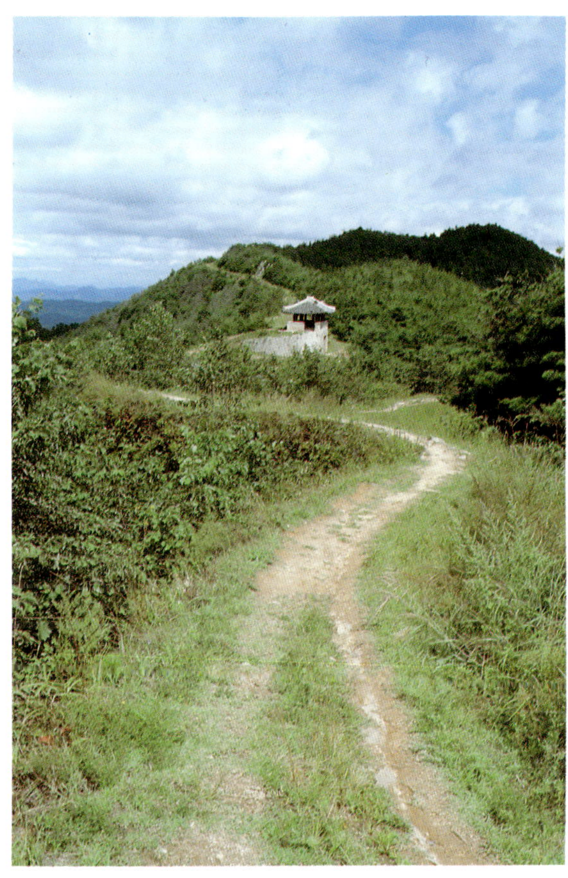

둘레는 약 4킬로미터이고 동서남북에 4대문 터가 남아 있다. 정상에 올라서면 사방이 한눈에 내려다보일 정도로 조망이 좋으며 우암산(牛岩山) 너머로 청주 시내를 굽어볼 수 있다.

현재의 성벽은 조선 숙종 때(1720년) 개축한 것이며 장대석으로 잘 쌓은 남문 성벽도 이때 축조한 것이다. 능선을 타고 산 정상을 한 바퀴 돌아간 성벽의 곳곳에 여장이 설치돼 있던 흔적이 남아 있고 성 안에는 커다란 연못과 군창 터가 있다.

상주(尙州) 금돌산성(今突山城)

경북 상주와 충북 영동의 도계에 위치한 백화산(白華山)에 안팎 이중으로 쌓은 금돌산성이 있다.

외성은 산 어귀에서 좌우 능선을 따라 뻗어나가고 내성은 정상 근처에 타원형으로 축성되었다. 내성 안에는 300평 가량의 행궁터와 높이 12미터나 되는 석축이 2단으로 남아 있다. 김유신 장군이 백제 정벌을 위해 5만 군사를 이끌고 떠난 뒤 신라 무열왕이 금돌산성에 들어와 한 달 동안 머물면서 전황을 보고 받았다고 한다. 내성 안의 궁궐 터는 이때 왕이 머물렀던 행궁(行宮) 터로 추측된다. 이 성의 문헌상 이름은 백화산성이다.

멀리서 본 금돌산성　경북 상주와 충북 영동의 도계에 위치한 백화산에 안팎 이중으로 쌓은 이성은 백화산성이라고도 한다.(아래)
금돌산성의 성벽　외성은 산 어귀에서 좌우 능선을 따라 뻗어가고 내성은 정상 근처에 타원형으로 축성되었다.(옆면)

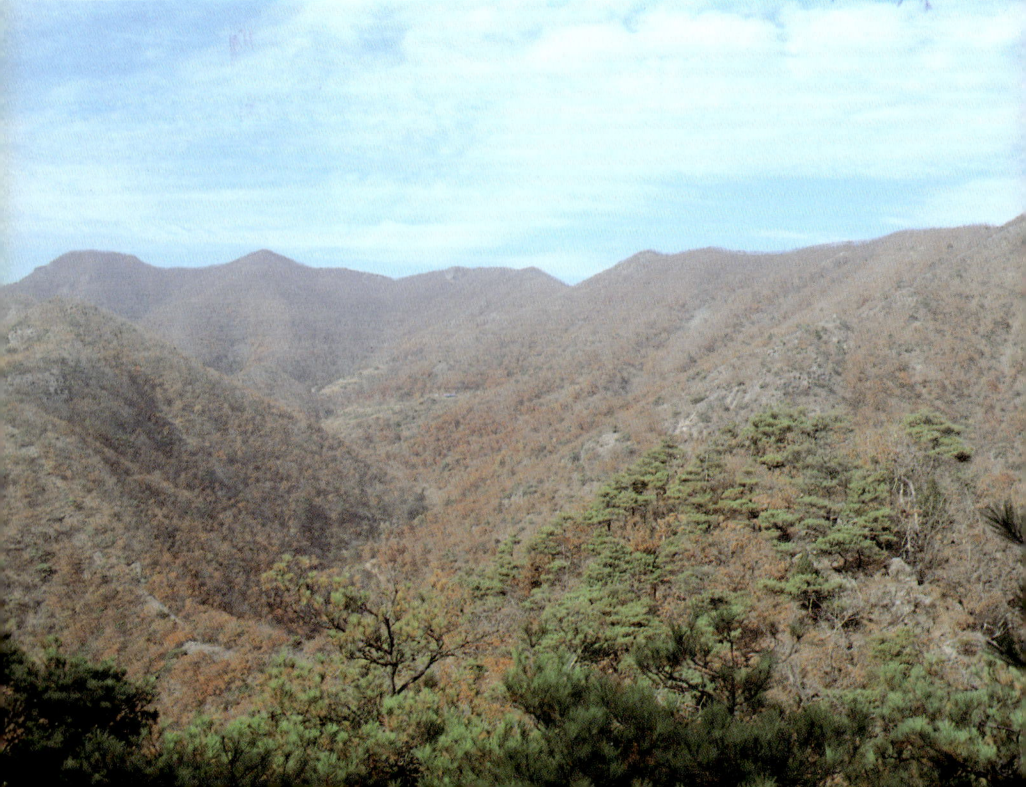

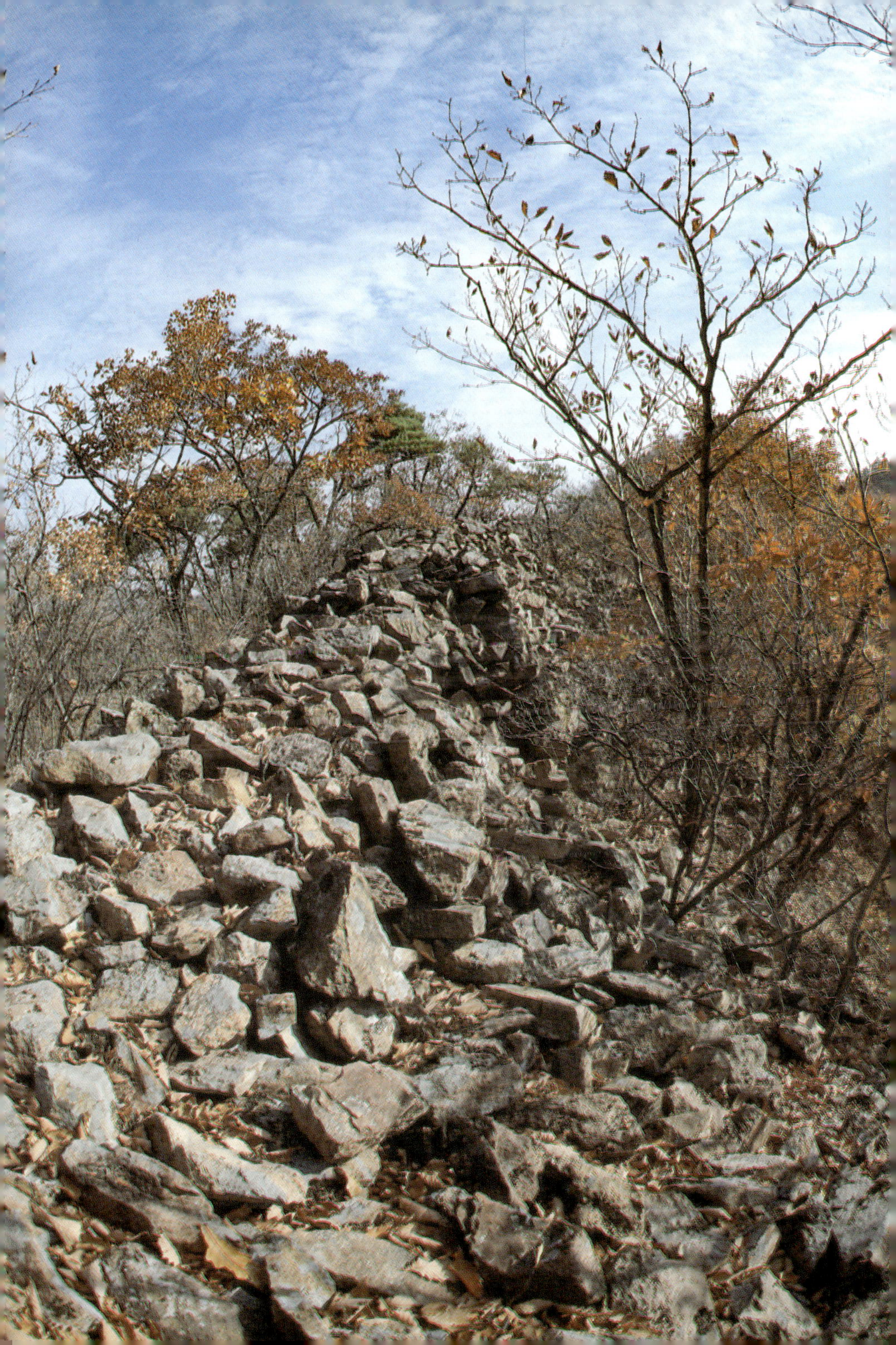

통일신라의 성곽

통일신라시대에는 삼국이 정립했던 시기처럼 외적과 직접 대치하는 상황이 아니었기 때문에 국토 개편에 따라 행정의 중심 지역과 황해도, 평안도 등 새로 국경이 된 북방 지역에서 대부분 축성이 이루어졌다.

당나라 군사를 거의 몰아내고 통일이 완성된 뒤 문무왕 21년(681) 도성을 새로 쌓으려고 했으나 의상(義湘)의 간언으로 이를 시행하지 않았다. 또 신문왕(神文王) 9년(689)에 달구벌(達仇伐; 지금의 대구)로 도성을 옮기려 했으나 뜻을 이루지 못하였다.

통일을 이룩한 신라는 경덕왕(敬德王) 때까지 국토의 재정비에 따라 축성도 계획적으로 추진하였다. 곧 문무왕(文武王) 때에는 왕도 중심의 방어선이 완성되고, 신문왕 때에는 지방 중심지인 소경(小京)의 성곽이 축조되었으며 효소왕(孝昭王), 경덕왕(景德王) 때에는 북방으로의 진출과 함께 장성의 축조가 이루어졌다.

통일 직후인 신문왕대에는 상주, 양산, 청주, 남원 등 행정의 중심 지역에 성을 쌓았다. 성덕왕(聖德王) 20년(721)에는 국경에 장성을 쌓아 북방의 경계를 굳게 하는 한편 동해의 왜구를 막기 위해 울산에 관문성을 쌓아 동해안 방비를 튼튼히 하였다.

헌덕왕(憲德王) 18년(826)에 평양 북계선(北界線)이 확정되었고 그 이후에는 축성의 기록이 나타나지 않는다.

울산 관문성(關門城)

성덕왕 2년(722) 왜구의 침입로를 막기 위해 쌓은 산성이다.

산과 산을 연결하여 길게 뻗은 관문성은 우박천(牛朴川)을 사이에 두고 양쪽 높은 산 위에 동해를 향해 쌓았는데 울산만에 상륙한 왜병들을 이곳에서 쉽게 막을 수 있었다.

성벽은 가로 40 내지 50센티미터, 세로 20 내지 30센티미터의 잘 다듬은 돌과 자연석을 이용하여 정연하게 쌓아올려 매우 발달된 축성술을 보여 준다. 지금은 성벽이 거의 허물어지고 동쪽에 옛 창고 터와 병영 터가 군데군데 남아 있다. 성벽은 자연석을 다듬어 진흙으로 다져가며 기단 너비와 높이를 각 2미터 가량으로 축성하였다.

「삼국유사」에는 "성의 둘레는 6,792보이며 인부 39,262명을 동원하였다"라고 적혀 있다. 관문성은 조선시대에는 만리성(萬里城)으로 불렸다.

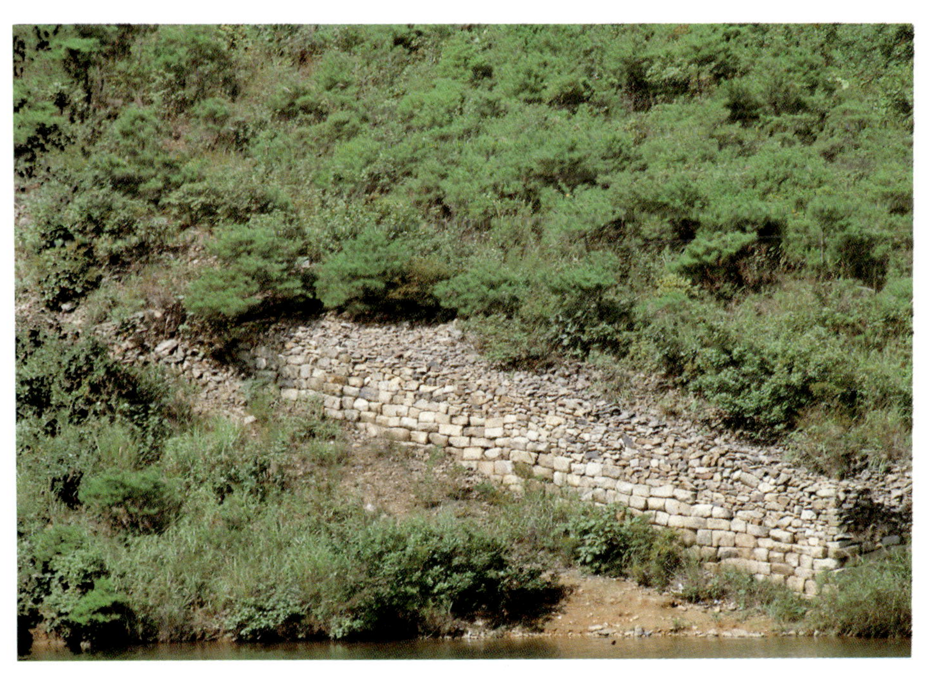

울산 관문성 성벽　지금은 성벽이 거의 허물어졌으나 축성 당시에는 자연석을 다듬어 진흙으로 다져가며 기단 너비와 높이를 각 2미터 가량으로 축성하였다.

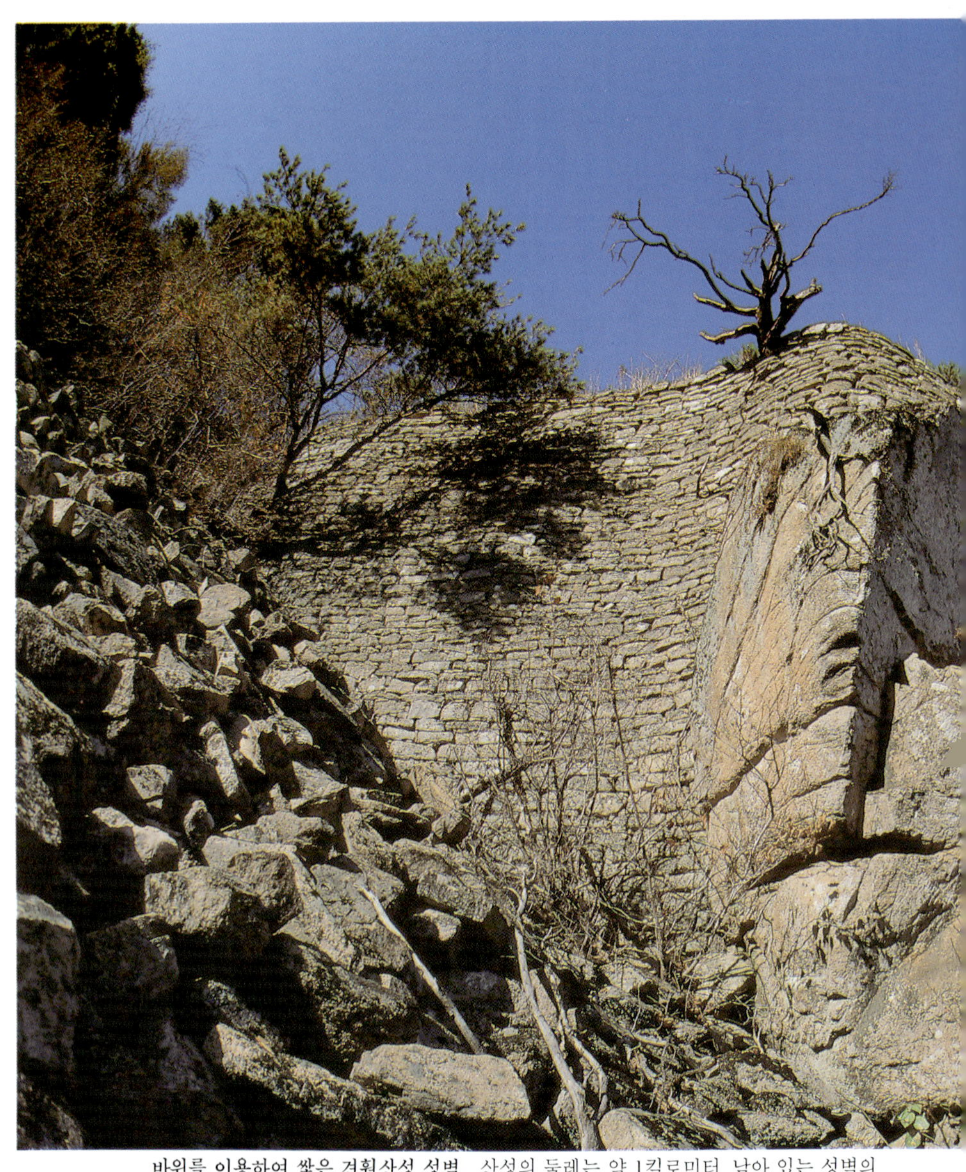

바위를 이용하여 쌓은 견훤산성 성벽 산성의 둘레는 약 1킬로미터, 남아 있는 성벽의 높이는 2미터 가량이다.

견훤산성(甄萱山城)

상주군 화북면(化北面) 장암리 북쪽 장바위산 위에 위치하고 있다. 가파른 암벽을 이용하여 축조된 이 산성은 둘레 약 1킬로미터, 남아 있는 성벽의 높이는 2미터 가량이다. 성벽은 안팎을 모두 석축으로 했고 장방형을 이룬 네 귀퉁이마다 높다란 망대를 설치하였다. 동쪽을 향한 두 곳의 망대는 지금도 잘 남아 있으며, 암벽을 끼고 수직으로 쌓은 성벽은 높이가 15미터나 된다. 석재는 두부모처럼 다듬은 화강석을 사용해서 마치 벽돌을 쌓은 듯 정연한 느낌을 준다. 「상주읍지」와 「농국여지승람」에는 이 성을 견훤이 쌓았다고 되어 있다.

신라 말기 후백제를 세웠던 견훤은 건국 초기에 이 산성을 근거로 세력을 규합한 끝에 강성해지자 전주로 근거를 옮겨 갔다.

표고 400미터의 산정에서는 화북(化北)에서 괴산으로 통하는 길을 내려다볼 수 있는데 견훤은 이 성에서 북으로부터 신라 경주로 가는 공물을 약탈하였다.

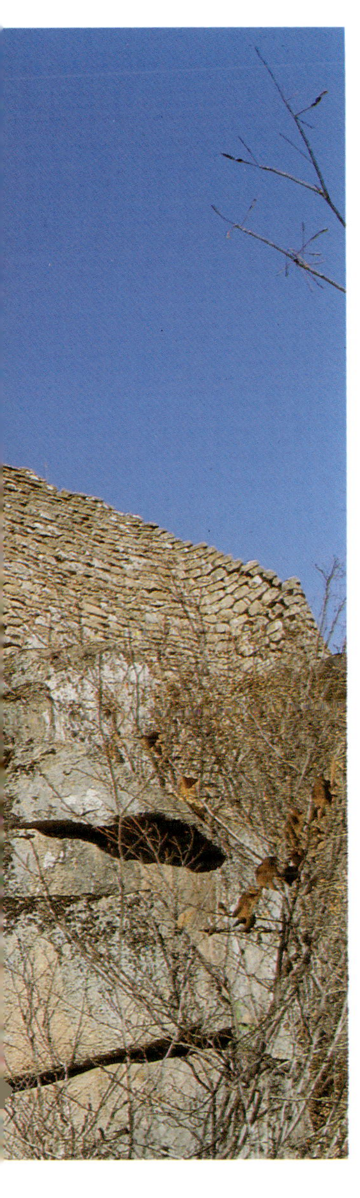

고려의 성곽

고려는 태조 이후 예종에 이르기까지 약 200년 동안 북방의 변경에 많은 성을 쌓았다. 이러한 변경의 축성은 건국 이후 고려가 추구해 온 북방 정책에 기인한 것이라고 하겠다. 그 가운데에서도 천리장성과 윤관(尹瓘)의 9성 설치는 적극적인 영토의 확장이라는 점에서 주목할 만한 일이다.

고려는 북방 국경 지대에 설치한 동북계(東北界), 서북계(西北界)의 양계(兩界)에는 남쪽의 주, 현과는 달리 주진(州鎭)을 설치, 여기에 주진군을 두었다. 국경 지대에 설치된 진(鎭)들은 성곽으로 둘러싸인 무장 도시로서 독립된 전투 부대를 형성하고 있었다.

태조는 서경(西京;지금의 평양)에 성을 쌓고 친히 거동을 했으며 서북 방면과 동북 방면에 많은 성을 쌓았다. 성종대에는 압록강 연안에 관성을 쌓기도 하였다.

고려는 3차에 걸친 거란의 침입을 겪은 뒤 서해안에서 동해안에 이르는 천리장성을 쌓아 북방의 수비를 튼튼히 하였다. 또 문종 (1046년) 때에는 동해에서 남해에 이르는 성을 쌓아 연변 성보 (城堡)의 농장을 보호하게 하였다.

고려 후기 홍건적과 왜구가 들끓던 시기에는 연해에 많은 축성이 이루어졌으며 강화도로 천도한 뒤 고려는 제도(諸道)에 산성방호별 감(山城防護別監)을 파견하여 각지의 민가를 산성에 들어가 지키며 성을 수축하게 하였다.

고려시대에는 석성보다 토성을 더 많이 쌓았으며 도성인 개경이나 강화에도 토성을 쌓았다. 끊임없이 외적의 침략에 시달렸으므로 석성보다는 손쉬운, 그리고 공사 기간도 짧은 토성 쪽을 택하였던 것 같다. 고려 말에는 왜구를 막기 위해 해안 지방에 읍성이 만들어진 것도 특기할 만하다.

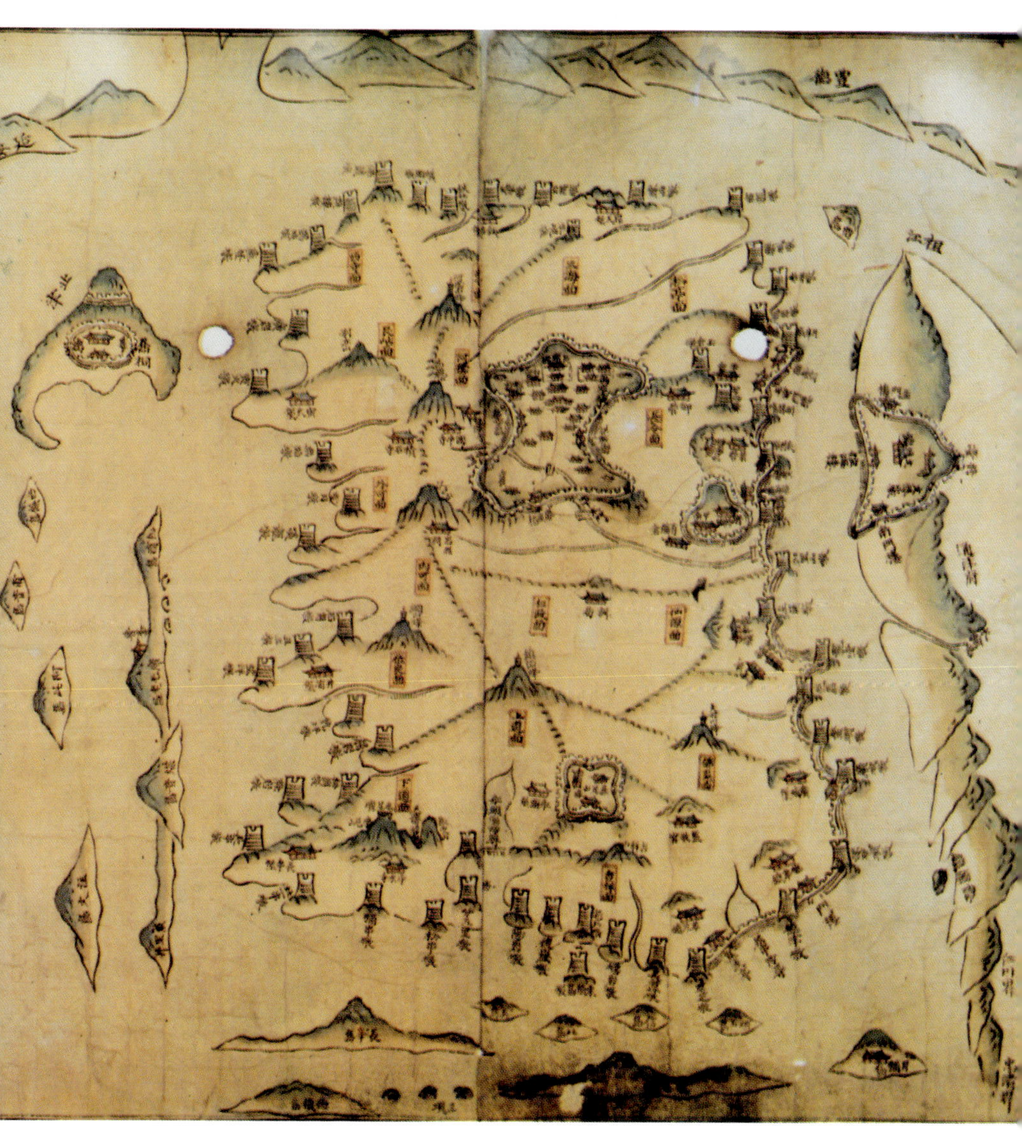

강도부도(江都府圖) 몽고의 침입으로 강화도로 천도한 고려는 고종 24년 강화에 둘레 37,000척의 외성을 쌓았으며 고종 34년에는 둘레 3,877척의 내성을 축조하였다.

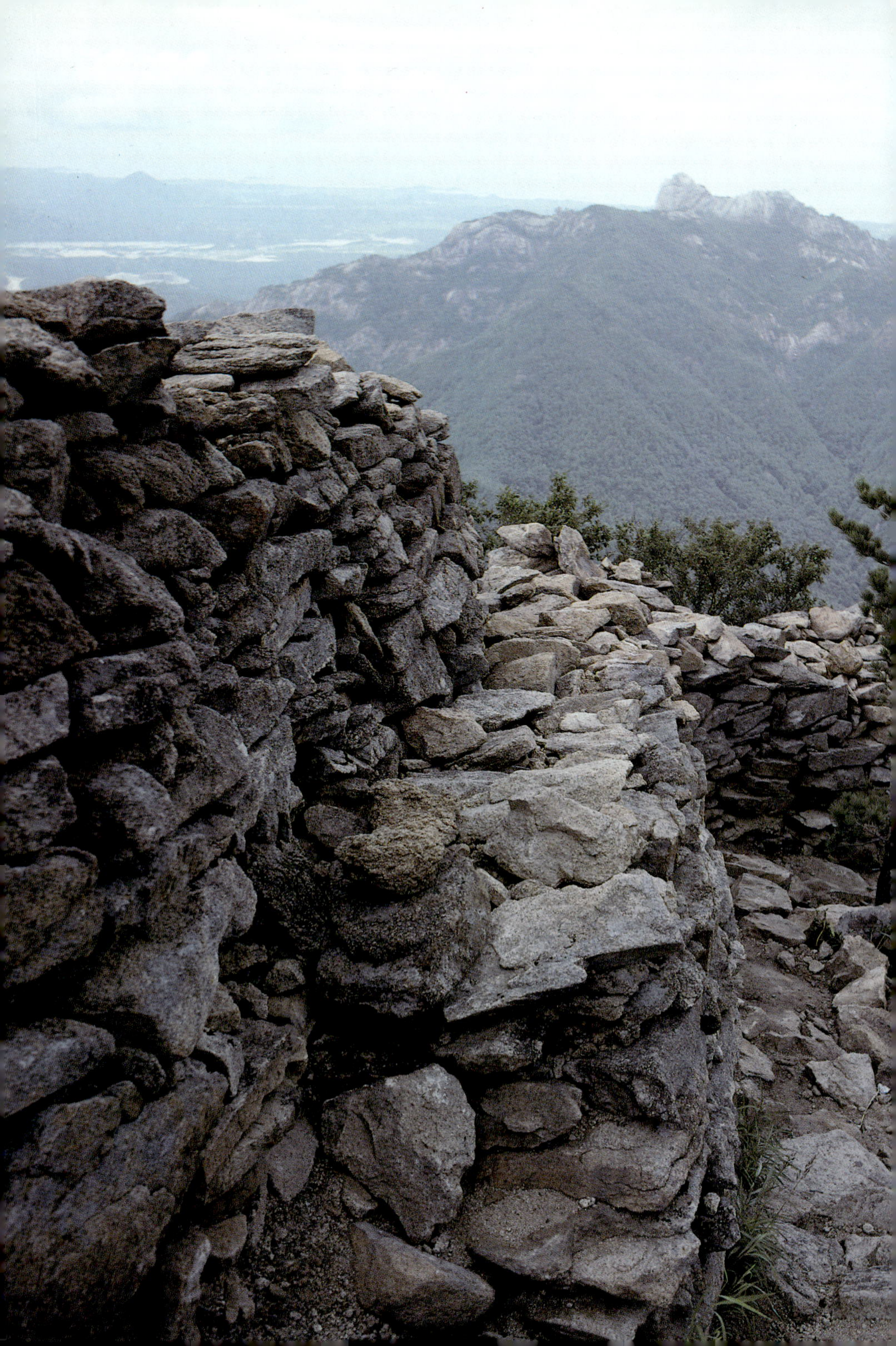

권금산성(權金山城)

몽고의 침입이 장기화되자 고려 조정에서는 백성들에게 산성에 피신하여 항쟁을 계속하도록 하였다. 이러한 목적으로 축성된 것이 설악산의 높은 산봉우리에 남아 있는 권금산성이다. 설악동의 왼쪽 케이블카가 설치된 해발 920미터의 집선봉(集仙峰) 꼭대기에 천연의 절벽과 기암을 이용하여 성벽을 쌓았다. 험준한 절벽이 그대로 성곽이 될 수 있어 석성은 많이 쌓지 않고 골짜기에서 정상으로 통하는 길목만을 막았다.

집선봉의 가장 높은 남쪽에는 바위 위에 납작납작한 널빤지 돌로 쌓은 성벽이 100미터쯤 남아 있다. 성벽의 높이는 1.5 내지 2미터, 폭은 5 내지 6미터쯤 된다. 험준한 바위 능선을 따라 북쪽으로 내려오면 거대한 바위에 연결한 S자형의 성벽이 30미터쯤 남아 있고 케이블카가 닿는 동쪽에도 70 내지 80미터가 남아 있다. 네번째 성벽은 훨씬 내려와 설악동이 내려다보이는 곳에 일직선으로 쌓았다. 성 안 경내에는 3,000제곱미터의 평지가 있으며, 숲속에는 가지런하게 축대가 남아 있어 집터가 있었음을 알 수 있다.

권금성의 서북쪽 기슭에는 사람 머리만한 동글동글한 냇돌이 흙 속에 무더기로 묻혀 있다. 적의 공격에 대비해서 백성들이 산 밑에서 옮겨다 놓은 돌들인데 산 위에서 계곡으로 던져 적의 접근을 막았던 무기인 셈이다.

설악산 집선봉 위의 권금성 험준한 절벽이 그대로 성곽이 될 수 있어 석성은 많이 쌓지 않고 골짜기에서 정상으로 통하는 길목만을 쌓았다.

천리장성(千里長城)

천리장성은 현종(縣宗)대에 착수되어 덕종 때 본격적으로 추진되었으며 정종(靖宗) 10년(1044)에 완성을 보았다.

서쪽으로 압록강구로부터 동쪽으로 동해안 정평(定平)에 이르는 이 장성은 압록강과 청천강의 분수령을 이용하였는데 상류 지방에서는 평지를 횡단하였다.

천리장성은 우리나라 최대의 장성으로 산령(山嶺)을 통과한 부분은 토축으로, 평지는 석축으로 하였으며 대체로 초기에 축성된 여러 성들을 연결시킨 것이다.

산 위 토성의 경우, 성벽의 안쪽과 바깥쪽에서 취토(取土)하여 그 흙으로 성을 쌓았으며 평지 석성의 경우, 성벽의 단면이 사다리꼴을 이루게 하였다. 이러한 축성 방식은 삼국시대의 축성술을 그대로 이어받은 것이다.

9성(九城)

동북방의 여진이 자주 노략질을 하자 예종(睿宗) 때 윤관은 여진 마을 135개소를 격파하고 300리의 땅을 빼앗은 뒤 점령지인 이 땅을 영구히 보존하기 위해 축성을 서두르고 남쪽 지역 백성들을 이주시켜 살게 하였다.

9성은 예종 3년 함주(咸州), 영주(英州), 웅주(雄州), 길주(吉州), 복주(福州), 공험진(公險鎭)의 6성을 쌓았고 그 뒤에 선주(宣州), 통태진(通泰鎭), 평융진(平戎鎭)의 3성을 쌓았다.

9성의 축조에는 내지(內地)의 성에 있는 자재들을 철거하여 사용하였다. 그러나 이 성의 경영이 어려워지자 고려는 예종 4년, 1년 7개월 만에 9성을 여진에게 돌려 주었다. 이에 따라 최홍정(崔弘正)은 길주에서 시작하여 차례대로 9성의 군량과 시설을 내지로 거두어들이고 성에서 철수하였다.

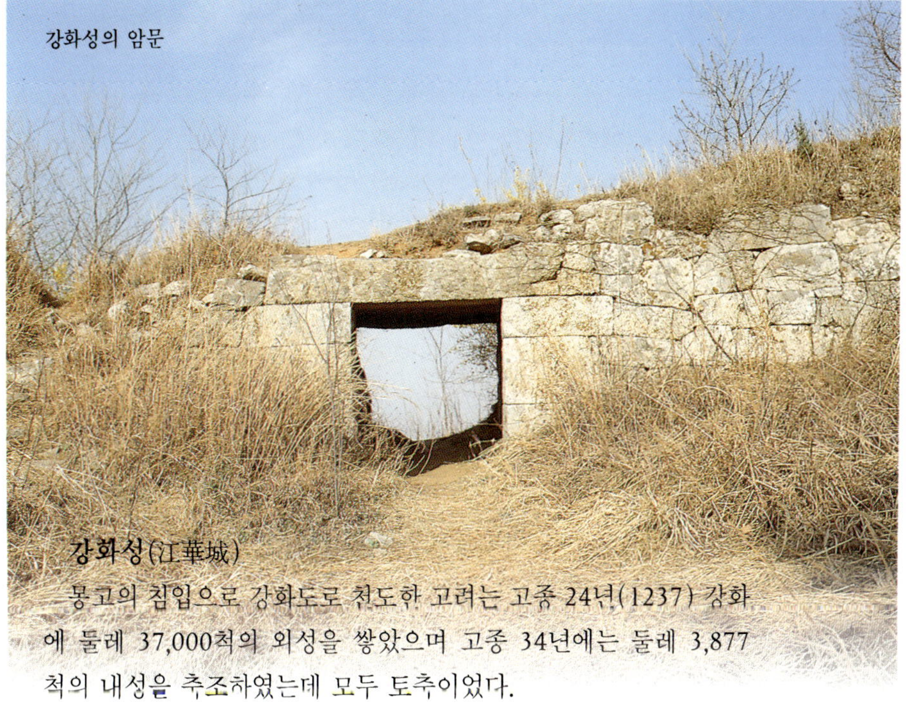

강화성(江華城)

몽고의 침입으로 강화도로 천도한 고려는 고종 24년(1237) 강화에 둘레 37,000척의 외성을 쌓았으며 고종 34년에는 둘레 3,877척의 내성을 추조하였는데 모두 토축이었다.

내성은 강화읍의 남산과 북산의 능선을 따라 축조한 둘레 6킬로미터의 성곽이며 성 안에 궁궐을 세웠다. 외성은 지세를 이용하여 돌출한 구릉을 연결하고 평지에만 쌓았는데 둘레가 43리나 된다.

갑곶이 나루를 사이에 두고 육지를 마주 보고 있는 강화성에서 고려는 몽고의 예봉을 피해 40여 년이나 항쟁하였다.

당시 세계 최강의 몽고군은 강화섬의 대안(對岸)인 문수산(文殊山)에 올라 지척에 있는 고려 궁궐을 내려다보면서도 수로를 건너지 못해 발길을 돌려야 했다.

지금 남아 있는 강화산성은 조선 숙종 3년(1677) 병자호란이 끝난 뒤에 개축한 것으로 바깥쪽은 석축으로, 안쪽은 토축으로 쌓았다. 그 뒤 영조 때 강화 유수(留守) 김시환(金時煥)이 벽돌로 중수하였다.

용인(龍仁) 처인성(處仁城)

몽고의 총사령관 살례탑(撒禮塔)이 고려의 승장(僧將) 김윤후(金允侯)의 화살에 맞아 죽은 격전지 처인성은 용인군 남서면 아곡 2리로 들어가는 마을 어귀에 위치하고 있다. 3정보(町步)쯤 되는 길가 야산의 가장자리를 따라 높이 6 내지 7미터 정도로 쌓은 작은 규모의 토성이다. 성 안은 뒤쪽이 높게 턱이 지고 앞쪽은 얕고 깊다. 성 둘레는 600미터 남짓하며 들판 가운데 누에고치 모양으로 엎드려 있어 매복, 기습할 수 있는 지형 조건을 갖추고 있다.

이 토성에서 마주 보이는 곳에 말 안장 같은 야산이 있는데 이곳이 적장 살례탑이 화살에 맞아 말에서 떨어져 전사한 곳이다. 처인성을 거점으로 저항한 고려군은 정규군이 아니라 의병이나 민병의 성격을 띤 군사들이다. 따라서 처인성도 민병들이 몽고군의 진로를 막기 위해 임시로 쌓은 토성으로 추정된다.

충주산성

충주 시내에서 동쪽으로 4킬로미터 떨어진 해발 630미터의 남산(南山) 정상에 충주산성이 위치하고 있다. 산 정상에 서면 산등성이 사이로 충주 시내가 내려다보이고 한강 상류와 계립령(鷄立嶺)에서 충주로 통하는 국도가 보인다. 이러한 지세를 이용하여 차라대(車羅大)가 이끄는 몽고군을 여러 차례 물리칠 수 있었다.

천연의 망대 위에 설치된 충주산성은 약 1.2킬로미터의 성벽이 산 정상을 한 바퀴 돌아 뻗쳐 있다. 성벽은 400미터쯤 남아 있고 나머지 부분은 무너졌다. 돌로 쌓은 성벽의 높이는 8미터이다.

성 안에는 우물이 하나 남아 있고 건물 터가 있으며 백제시대의 토기 파편들이 출토되고 있다. 몽고군 주력인 차라대 원수가 이 성을 공격하였으나 함락시키지 못하고 포위한 군사를 풀어 남쪽으로 내려갔다.

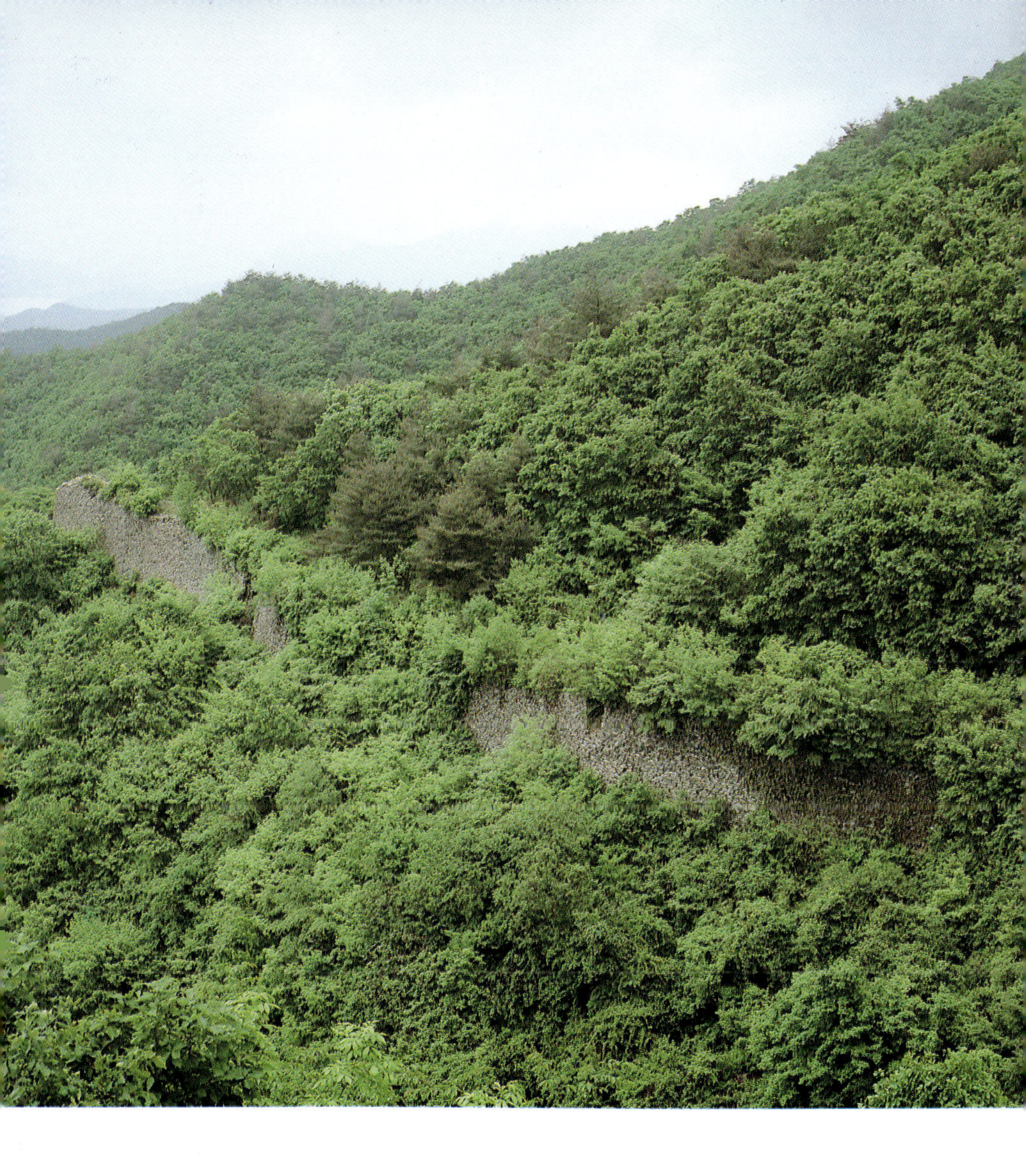

충주산성 성벽　천연의 망대 위에 설치된 충주산성은 고려 때 몽고군을 여러 번 물리쳤던 요새이다.

조선의 성곽

조선 전기의 축성

조선시대 초기에는 고려 말 왜구에 대비하기 위한 연해(沿海) 읍성의 축조가 계속되었으며, 한편 북방 변경에서는 행성(行城)의 축성이 이루어졌다.

우선 새 왕조의 창업에 따른 도성의 축조가 있은 뒤 여러 가지 제도와 문물의 정비가 이루어지면서 국방에 대한 필요성이 높아지고 이에 따라 각지에서 읍성이 활발하게 축성되었다.

특히 세종, 성종대에 읍성 축조가 활발하여져 이제까지 읍성이 없던 곳에 새로 성을 쌓고, 고려시대의 토성을 석성으로 바꾸는 한편 그 규모를 확장하였다. 한편 조선 초기에는 과학 기술의 발달과 함께 화포의 제조, 병선(兵船)의 건조 및 성곽 축조 기술의 발달을 보게 되었다. 특히 화약 제조 분야가 크게 발전하여 태종 9년에는 화차(火車)가 만들어졌으며, 종래의 방어용 및 해전용인 화포를 성을 공격하는 무기로까지 발전시켰다.

성곽 축성 기술도 세종 때에 이르러 기술적으로 크게 발전하여 도성의 수축 공사에서 가로 50, 세로 20센티미터 정도의 다듬은 화강석을 사용하였을 뿐만 아니라 철과 석회를 쓰고 있다. 성곽의 구조에서도 15도 안팎의 경사를 유지한 안정된 모습을 보여 준다.

세종 때에는 두만강 연변과 압록강 상류 유역을 개척하여 6진(鎭)과 4군(郡)을 설치하게 되었고 영토의 확장에 따라 압록강, 두만강 연변을 따라 장성(행성)을 축조하였다.

행성(行城)이란 적침의 요해지(要害地)를 가리어 설치한 것으로 흔히 평지에는 석성을 쌓고, 낮고 습한 곳에는 참호를 파거나 목책을 세우며 높고 험한 곳에는 흙을 깎아 내리고 취토를 하여 안팎으로 둔덕을 만들어 쌓았다. 이같은 행성의 축조 수법은 고려의 천리장성과 일치한다. 그래서 압록강, 두만강 연변의 행성을 통틀어서 장성이라고 불렀다. 「세종실록지리지」에는 15개의 행성이 축조되었음을 보여 준다.

행성 축조는 세종 22년(1440) 가을부터 시작하여 왕이 돌아갈 때까지 11년 동안 계속되었다. 축성 공사에는 연변의 부방군(赴防軍 ; 지방 주둔군)이 동원되었는데 함경도, 황해도, 강원도의 북방 도민들은 축성의 힘든 일을 피하기 위해서 가족을 이끌고 떠돌아다니는 현상까지 빚었다. 평지 석축의 높이는 일정하지 않아 낮은 것은 5척, 높은 것은 15척이나 되었다.

양계(지금 평안북도 지방) 연변의 행성 축조는 세종이 돌아가자 중단되어 완성을 보지는 못하였지만 축성 이후 야인(野人)의 연변 침입이 현저하게 줄어들어 국경의 방어에 실효를 거두었다.

조선 전기에는 읍성과 함께 산성 축성이 계속되었다. "외적을 막는 데는 산성이 가장 적합하다"는 주장이 강하게 일어났다. 이서(李紓)는 세자인 태종에게 "농한기를 틈타 산성을 수축하여 불의의 외침에 대비해야 한다"고 건의하였다.

태조 때 경상도 경차관(敬差官) 한옹(韓雍)은 '높고 험한 산성을 3년 안에 수축할 것'을 건의하였고 그 다음해 대대적인 산성 수축 사업이 벌어졌다. 창녕의 화왕산성, 청도의 오혜산성(烏惠山城), 선산의 금오산성(金烏山城), 경주의 부산성(富山城), 남원의 교룡산성(蛟龍山城), 담양의 금산성(金山城), 정읍의 입암산성(笠巖山城), 고산의 이흘음산성(伊訖音山城), 도강(道康)의 수인산성(修因山城), 나주의 금성산성(錦城山城)이 수축되고 서북방에는 성주(成州)의 흘골산성(屹骨山城), 자주산성(慈州山城), 덕주(德州)의 금성(金城), 삭주성(朔州城), 양덕성(陽德城), 강계성(江界城), 백벽산성(白璧山城), 향산성(香山城)을 신축 또는 개축하였다.

태종 때 의정부(議政府)에서 올린 국방 대책에도 산성에 관한

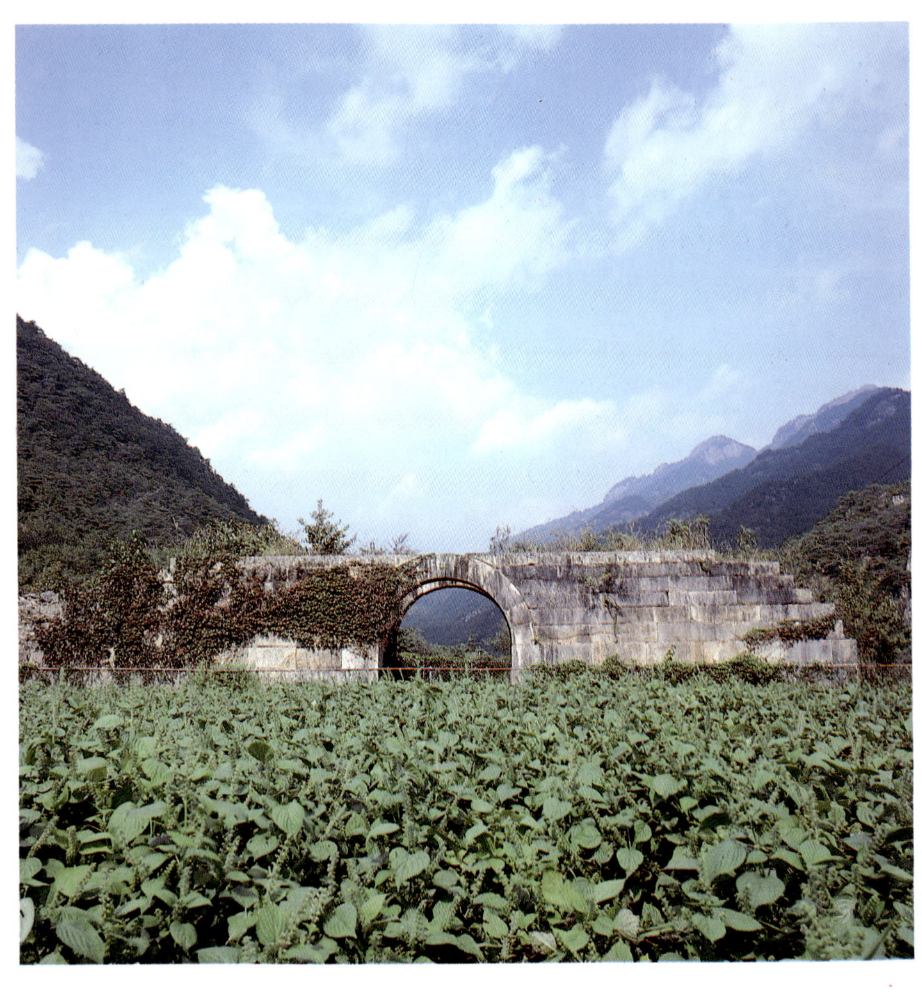

덕주산성 성문터　거의 무너져 있는 것을 조선시대에 와서 계곡에 3개의 성문을 다시 쌓았다. 충북 제원군 소재.

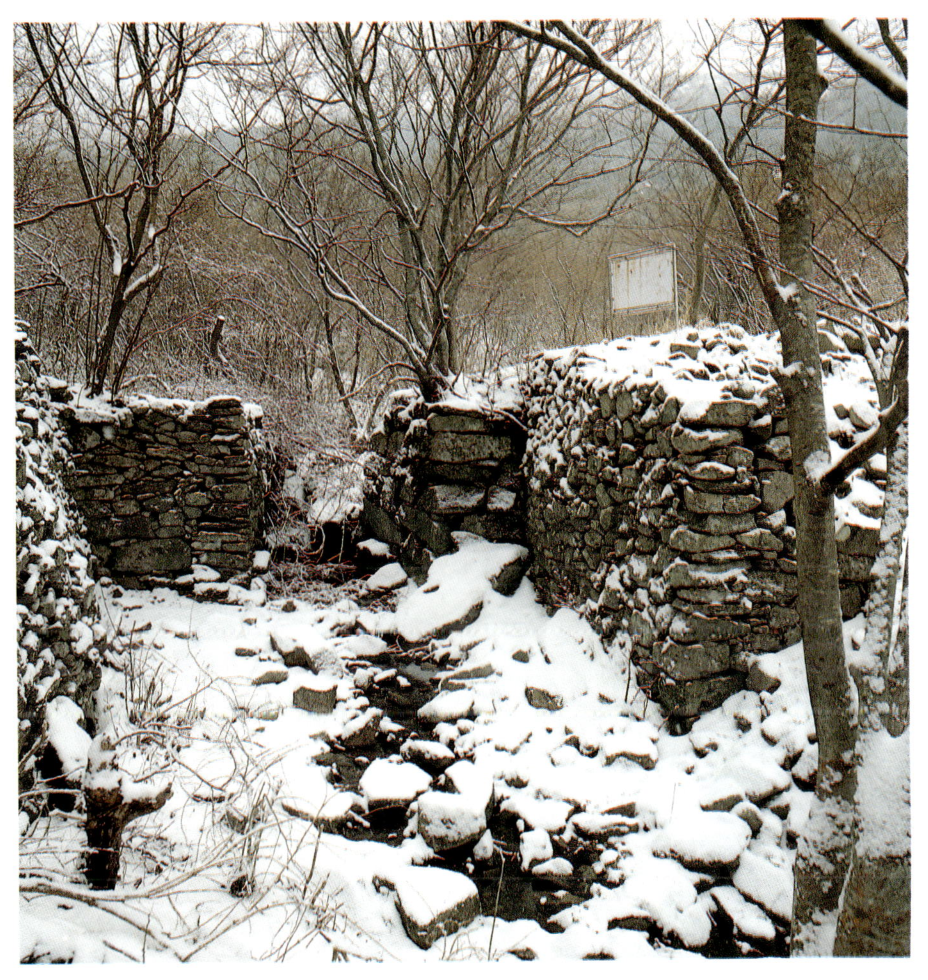

정읍의 입암산성 성문터 태조 때 대대적인 산성 수축 사업을 벌였는데 정읍의 입암산성도 이때 쌓았다.

것이 전부를 차지하고 있다. 그 내용은 각 읍에서 3, 4식(息;1식은 30리임) 정도 떨어진 곳에 산성을 두되 옛터가 있는 곳은 수축을 하고 없는 곳은 지리(地利)를 택하여 새로 쌓고 창고를 지어 식량을 저장하였다가 급할 때에는 백성들이 산성에 들어가 힘을 다해 싸우자는 것이었다.

개국 이래 왕성한 외침 대비책은 세월이 지나면서 평화 분위기가 계속됨에 따라 문약(文弱)에 흘러 성곽에는 무관심하게 되었다.

조선 후기의 축성

임진왜란이 일어나기 직전 일본의 심상치 않는 동정에 우리 조정에서는 비로소 일본을 경계하기 시작하였고 남은 3도(道)의 방비를 서둘렀다.

경상, 전라, 충청 감사를 그 지방 사정에 밝은 사람으로 뽑아 보내어 병기(兵器)를 준비하고 성지(城池)를 수축케 하였는데 그 가운데에서도 경상도에 성을 많이 쌓게 하였다. 그러나 오랜 승평(昇平) 생활에 젖은 백성들은 노역을 꺼려하여 지금같이 태평한 세상에 성을 쌓는 것은 당치도 않은 일이라고 원망하는 소리가 높았다.

경상 감사 김수(金晬)는 성을 쌓는 일에 힘을 기울여 가장 많은 성을 수축하였으나, 험준한 위치를 선정하지 않고 평지에 쌓았으며 또 규모만 넓게 잡아 많은 사람을 수용할 수 있게 하는 데 주력하였다. 대규모의 전쟁에 대한 경험이 없었고 왜군의 침략이 없을 것이라는 판단 때문이었다.

임진왜란을 겪고 나서야 비로소 산성 수축의 불비(不備)를 절실하게 깨닫게 된 조정에서는 험준한 산을 의지하여 성곽을 설치할 것과 산성을 수축할 것을 논의하였다. 임진왜란중에 또는 전쟁이 끝나고 나서 유성룡(柳成龍) 등 많은 사람들은 험준한 요로에 산성을 쌓을 것을 건의하였다. 그것은 이미 충주, 용인, 진주성에서의

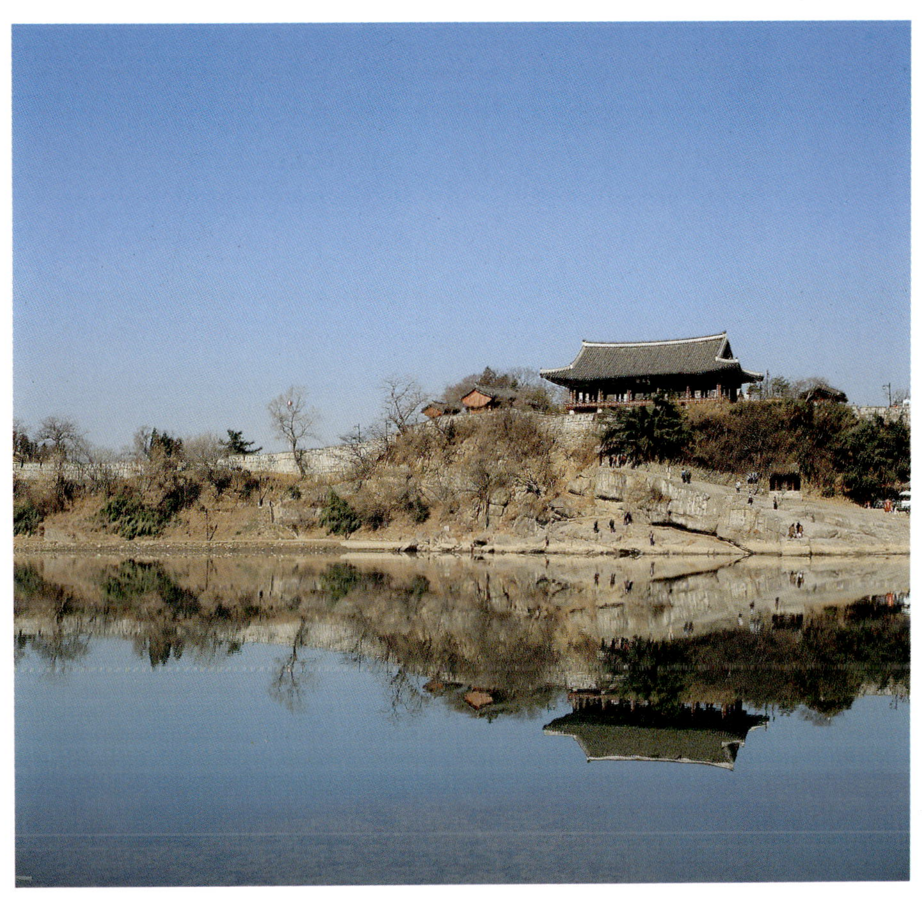

남강에 둘러싸인 진주성   임진왜란 때 진주성이 함락되었는데 그 원인은 평야전이었기 때문이라고 보고 그 뒤에는 주로 험준한 산을 의지하여 산성을 축조하였다.

패전의 원인이 평야전(平野戰)이었기 때문이다. 또한 포루(砲樓) 제도를 설치하자는 건의도 있었다. 곧 산성의 일정한 거리마다 포루를 설치하면 적의 조총이 무력하게 된다는 논리였다. 그러나 포루의 설치는 그 뒤에 그다지 실효를 거두지 못하였고 산성 수축은 활발하게 이루어졌다.

조령 일대의 관문 설치를 검토하게 되었고 제천, 단양, 영춘 등지에서 수축 공사가 이루어졌으며 전라도에서는 남원의 교룡산성, 정읍의 입암산성, 건달산성 등이, 경상도에서는 합천의 이숭산성, 지리산의 귀성(龜城), 가야의 용기산성(龍起山城) 등이 수축되었다. 왜군이 퇴각한 뒤 전황이 소강 상태에 들어서자 선조는 수복한 지역내에서 장기전에 대비하여 축성을 서둘렀는데 이때의 축성에는 대부분 승군(僧軍)들이 동원되었고 전투에 참가했던 승장(僧將)들이 축성의 책임을 맡게 되었다. 한편 조선에 장기간 주둔하고 있던 왜군들도 해변에 성을 쌓았다. 울산 서생포로부터 동래, 김해, 마산, 거제로 이어지는 해변에 20여 개의 일본식 성을 쌓고 지구전에 대비하였다. 왜성(倭城)으로 불리는 이들 성은 이중 삼중으로 아성(牙城)을 쌓고 그 외곽에 다시 성곽을 높이 쌓는 방식이었다.

임진, 병자호란으로 수도를 적군에게 유린당하였던 조정에서는 도성 수비와 축성 논의가 분분하여 북한산성과 남한산성을 축성하였고 강화산성을 수축하게 되었다.

조선 후기에는 종래 우리나라 성곽에 대한 비판이 크게 일어나면서 그 개선책이 논의되었는데, 특히 실학자(實學者)들은 돌보다는 중국처럼 벽돌로 성을 쌓는 것이 유리하다고 주장하였다. 그러나 그 뒤 실제로 축성에 벽돌을 사용한 것은 수원 화성을 빼고는 찾아볼 수 없다. 수원 화성은 벽돌을 사용하였을 뿐만 아니라 우리나라 성곽 사상 가장 완벽한 제도를 갖추었으며 거중기(擧重器)와 활차(滑車) 등 근대 과학 기기를 사용하였다는 점에서 특기할 만하다.

동래(東萊) 금정산성(金井山城)

임진왜란과 정유재란(丁酉再亂)을 겪고 난 뒤 국방에 대한 관심이 높아지면서 왜적을 막기 위해 숙종 때 쌓은 산성이다. 산등성이를 따라 굽이굽이 뻗친 성벽은 길이가 17킬로미터로서 우리나라 산성으로는 최대 규모를 자랑한다. 해발 804미터의 금정산 정상에 오르면 거제도가 보인다. 성벽은 높이 1.5 내지 3미터 정도이며 절벽이나 바위를 교묘하게 이용하여 험한 곳에는 성벽을 쌓지 않고 절벽에는 뒤쪽으로 성벽을 만들기도 하였다. 금정산성은 왜적을 막기 위해 쌓은 것이지만 실전은 한번도 없었다. 성 안 경내는 250만 평이나 되고 곳곳에 망루와 군창 터가 남아 있으며 성 안에 있는 절의 승병들이 이 산성을 지켰다고 한다. 동, 서, 남, 북문을 두었는데 남문은 누각과 성벽을 보수하였고 북문은 석축 유구만 남아 있다.

조선 후기 순조 때에도 금정산성의 수축이 있었다. 동래는 임진왜란 때 왜군의 상륙 지점이었으므로 "해방(海防)의 중요한 고장에 성 하나가 없어서야 되겠느냐"는 경상 관찰사(慶尙 觀察使) 조태동(趙泰東)의 주청에 따라 축조된 성이다.

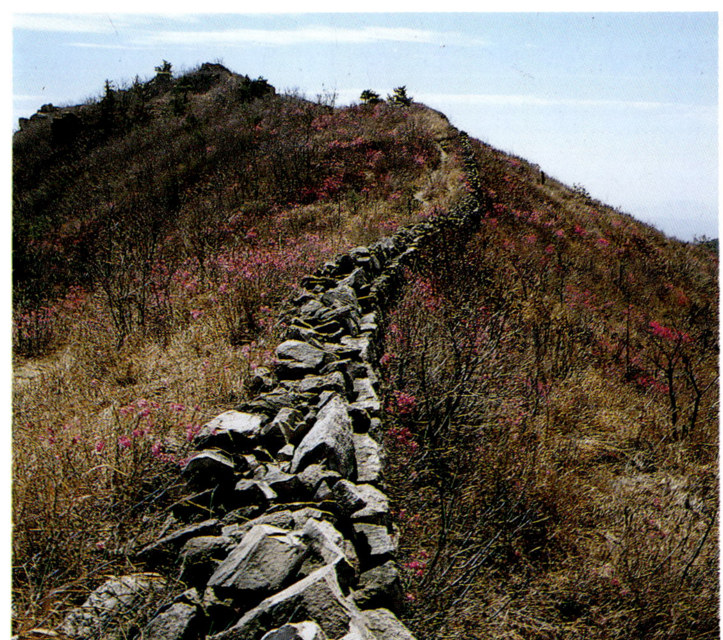

금정산성 성벽 산등성이를 따라 굽이굽이 뻗친 성벽은 길이가 17킬로미터로서 우리나라 산성으로는 최대 규모를 자랑한다.

금정산성

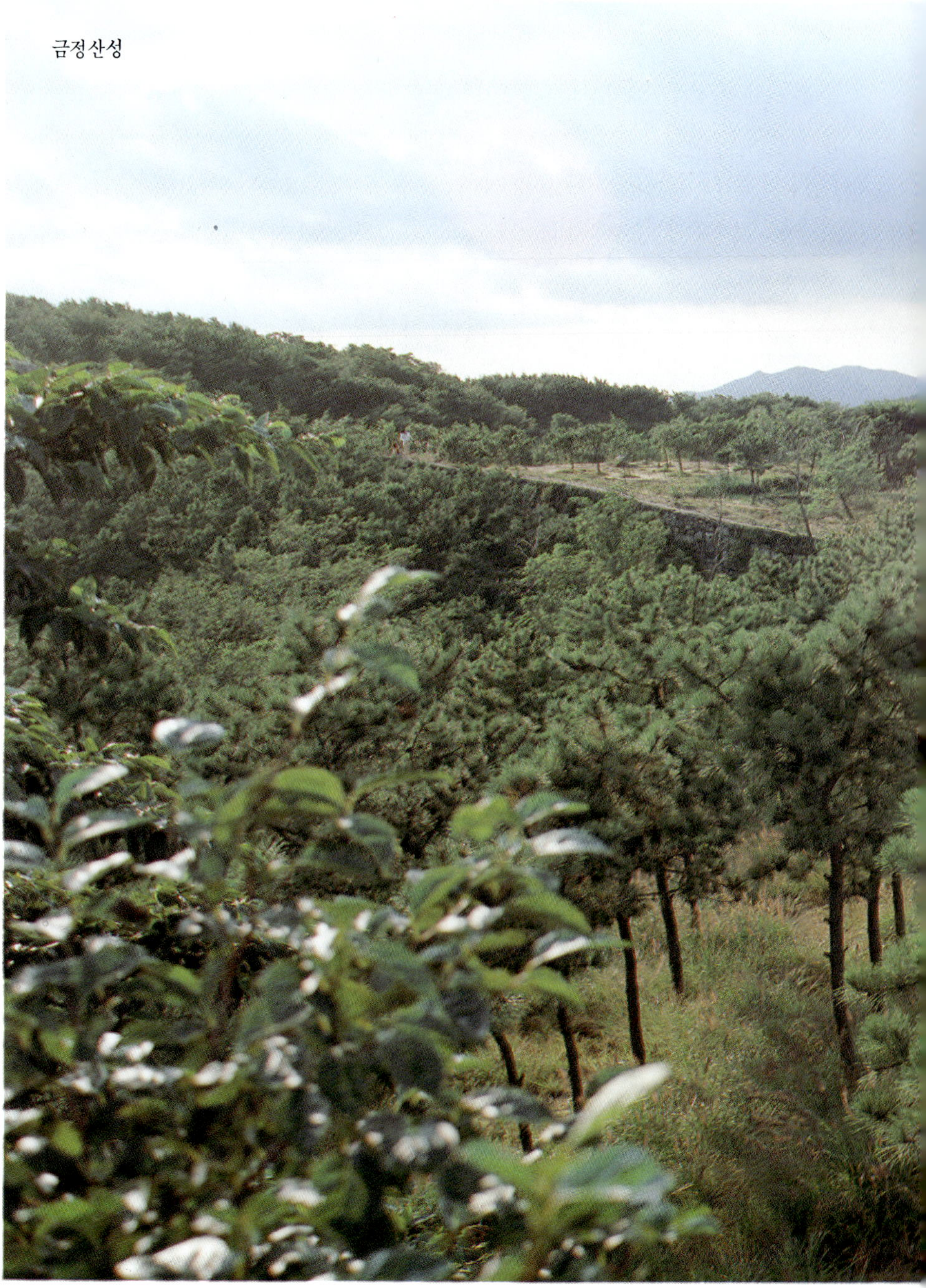

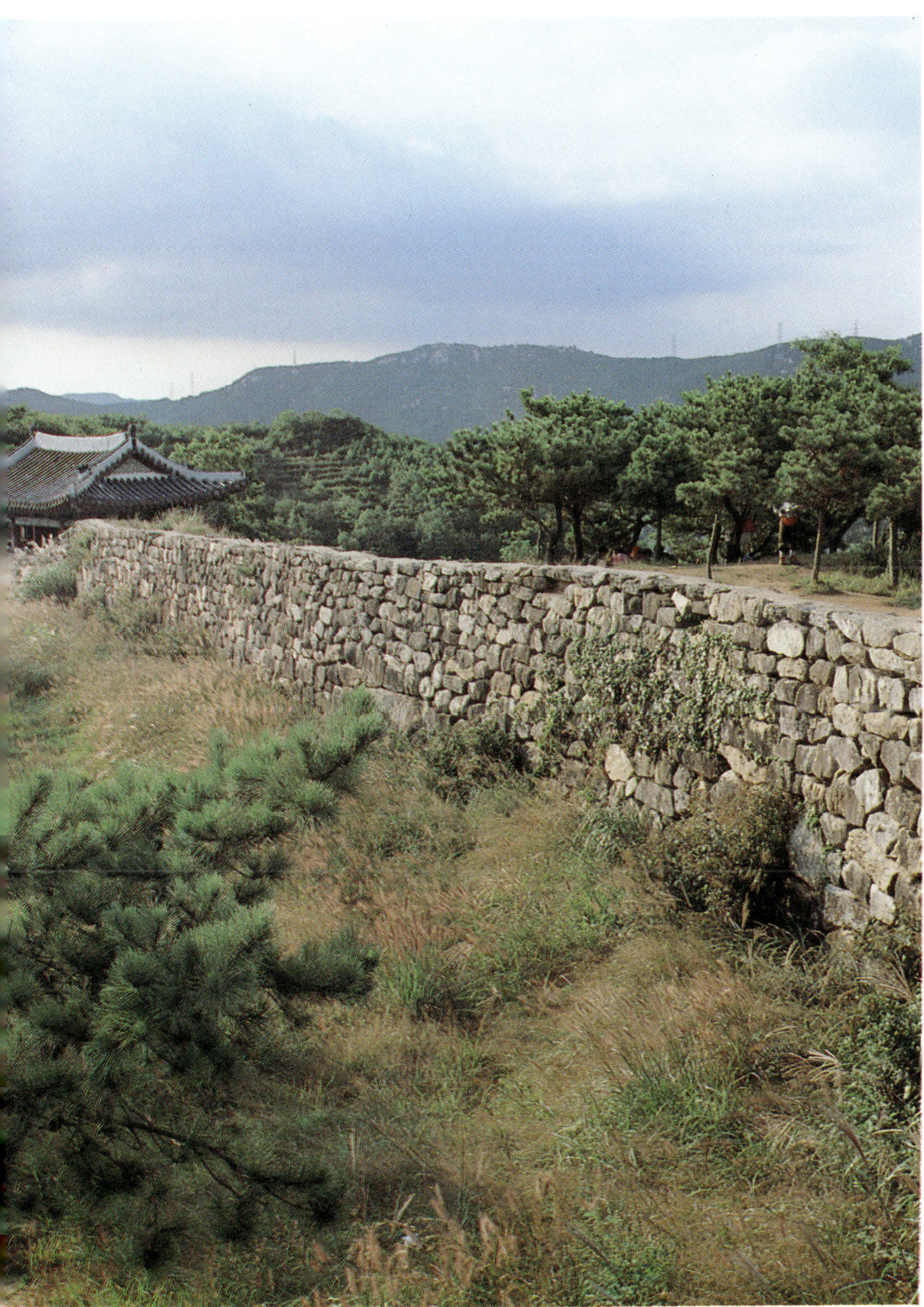

광주(廣州) 남한산성(南漢山城)

청나라 13만 대군에게 포위당한 채 인조가 45일 동안 추위와 굶주림에 시달리며 항쟁하였던 역사의 현장이다. 결국 우리 조정은 더 이상 성을 지키지 못하고 삼전도(三田渡)에서 굴욕적인 강화를 맺게 된다.

남한산성은 북한산성과 더불어 한양 도성을 남북에서 호위하는 역할을 해왔으며 백제시대부터 요지로 주목되어 주장성(晝長城)이라는 성이 있었다. 남한산성을 축성한 것은 인조가 즉위한 이듬해(1624년), 관군과 전국에서 동원된 승려와 역군들이 2년 만에 공역을 마쳤다.

해발 495미터의 산 정상을 둘러싼 성벽은 길이 8킬로미터, 4개의 문과 16개의 암문을 갖추었고 성벽 위에 벽돌로 쌓은 여장을 설치하는 등 도성을 수비하는 외성답게 완벽한 시설을 갖추었다. 여장에는 성 안에서 공격하는 적을 볼 수 있도록 총안도 설치하였다.

성 안 높은 곳에 지휘 본부였던 수어장대(守禦將臺)가 남아 있다. 당시에는 동, 서, 남, 북에 2층 누각인 장대가 있었다고 하나 지금은 서장대(西將臺) 하나만 남아 있을 뿐이다. 산성이 완성된 뒤에는 성 안에 행궁을 짓고 이에 따른 관아 건물을 세웠으며 광주목(廣州牧)을 옮기고 산성 수비를 위해 수어청(守禦廳)이라는 관청을 두기도 하였다. 성 안에는 산성 마을이 있고 성벽을 따라 순환 도로가 나 있다.

남한산성 성벽　이 성은 북한산성과 더불어 한양 도성을 남북으로 호위하는 역할을 해왔다.

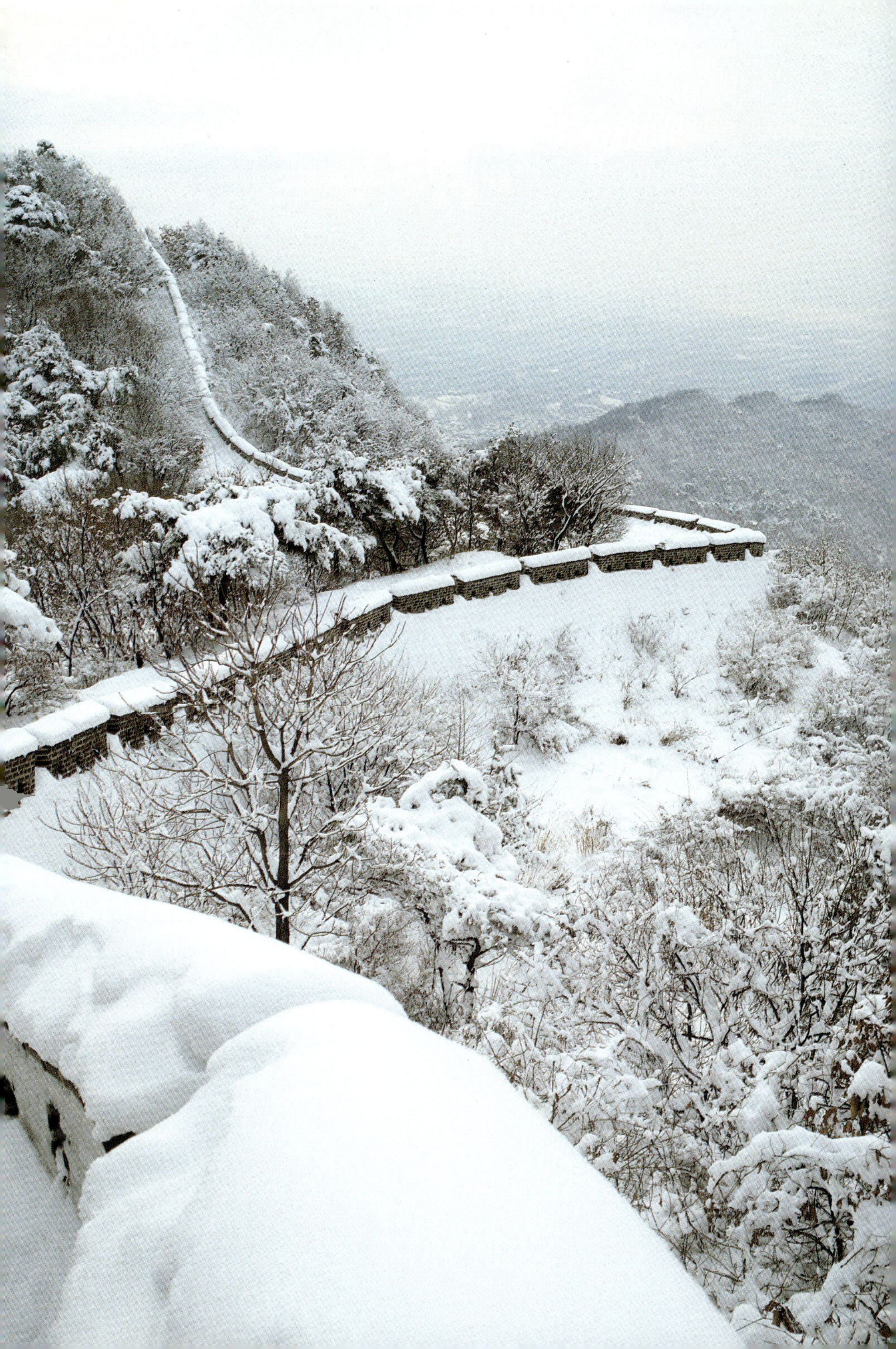

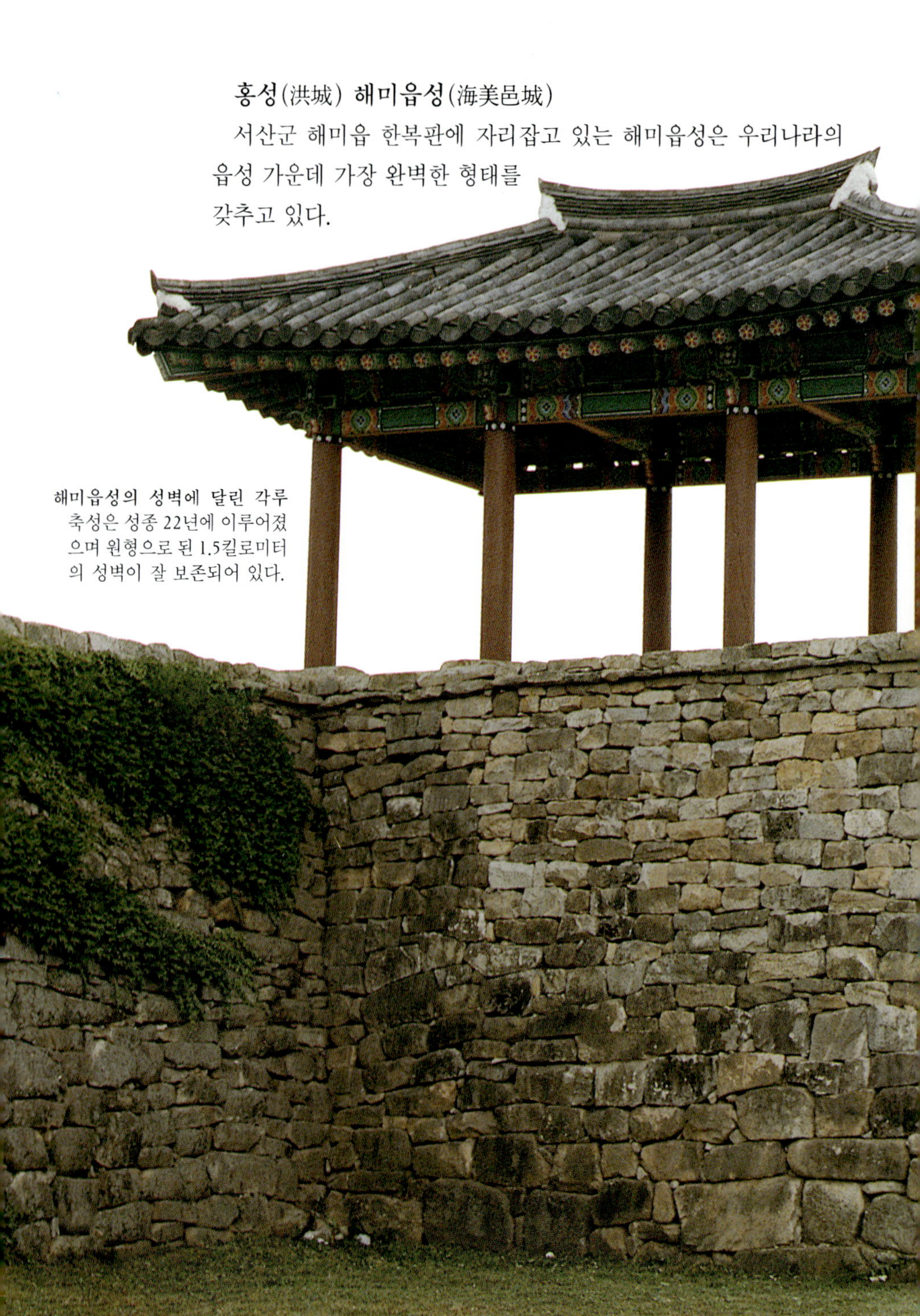

홍성(洪城) 해미읍성(海美邑城)
서산군 해미읍 한복판에 자리잡고 있는 해미읍성은 우리나라의
읍성 가운데 가장 완벽한 형태를
갖추고 있다.

해미읍성의 성벽에 달린 각루
축성은 성종 22년에 이루어졌
으며 원형으로 된 1.5킬로미터
의 성벽이 잘 보존되어 있다.

이곳은 바다를 지키는 서해안의 요지로 일찍이 조선 태조 때 충청도 병영이 설치되었던 곳이다.

축성은 성종 22년(1491)에 이루어졌으며 원형으로 된 1.5킬로미터의 성벽이 잘 보존되어 있다. 석축은 네모난 돌, 장방형, 부정형 등 갖가지 자연석을 오밀조밀하게 맞춰 견고하게 쌓아올렸다. 성곽의 아래쪽은 큰 돌을, 위로 올라갈수록 작은 돌을 포개어 놓은 전형적인 조선시대 축성법을 보여 준다. 성벽의 높이는 5미터이며 성벽 위에는 치첩(雉堞)이 설치되었는데 옛날에는 치첩이 380군데나 있었다고 한다. 동, 서, 남문이 있는데 이 가운데 남문 문루만 원래 상태이고 두 곳은 최근에 복원한 것이다. 남문인 진남문(鎭南門) 옆에는 두 곳에 포루가 만들어져 해안 쪽을 감시하도록 되어 있다.

성벽에 붙여 장방형으로 쌓은 이 포루는 오랜 세월에 무너져 형체만 남아 있던 것을 옛모습대로 복원하였다. 약 5만 평의 성 안에는 병영과 객사, 호서좌영(湖西左營) 등 관아 건물이 즐비하게 들어서 있었음을 해미현(海美縣)의 옛 지도가 보여 준다.

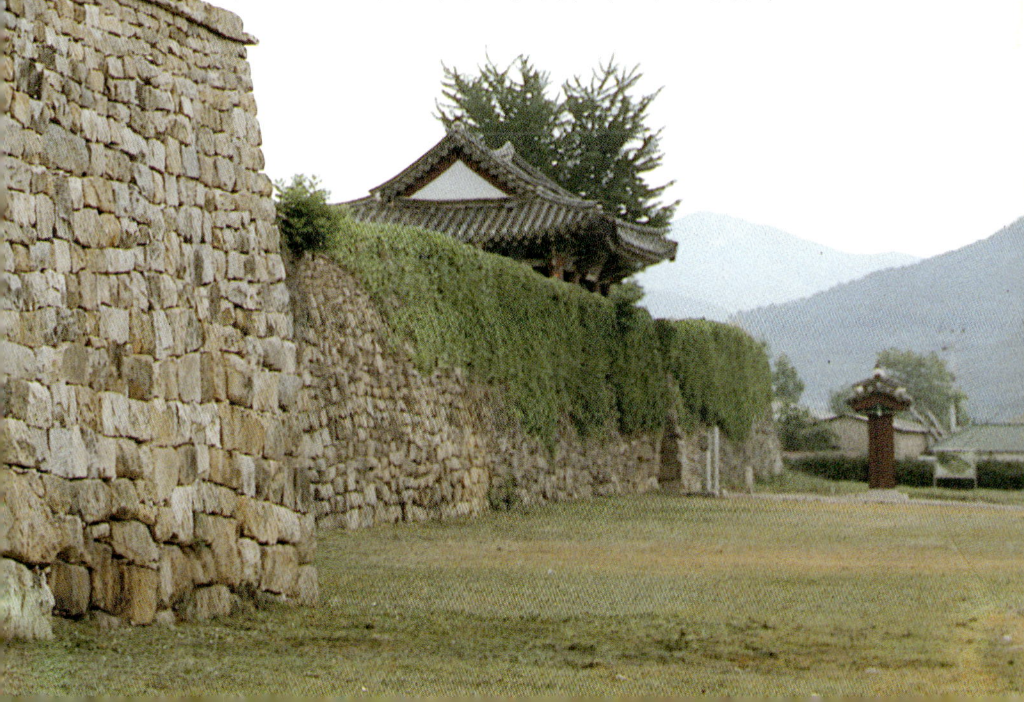

낙안읍성(樂安邑城)

전남 승주군 승주(昇州) 낙안면에 있는 낙안읍성은 성안 마을이
민속 보존 마을로 지정돼 더욱 유명하다. 고읍(古邑)의 옛 성벽과
함께 초가로 이루어진 민속 마을의 경관이 한데 어울려 예스러운
정취를 더해 준다.

조선 초기에 축조되어 인조 때(1626) 임경업(林慶業) 장군이
석성으로 개축했다는 낙안읍성은 둘레가 1,384미터, 높이 2미터
가량의 성벽이 잘 보존되어 있다.

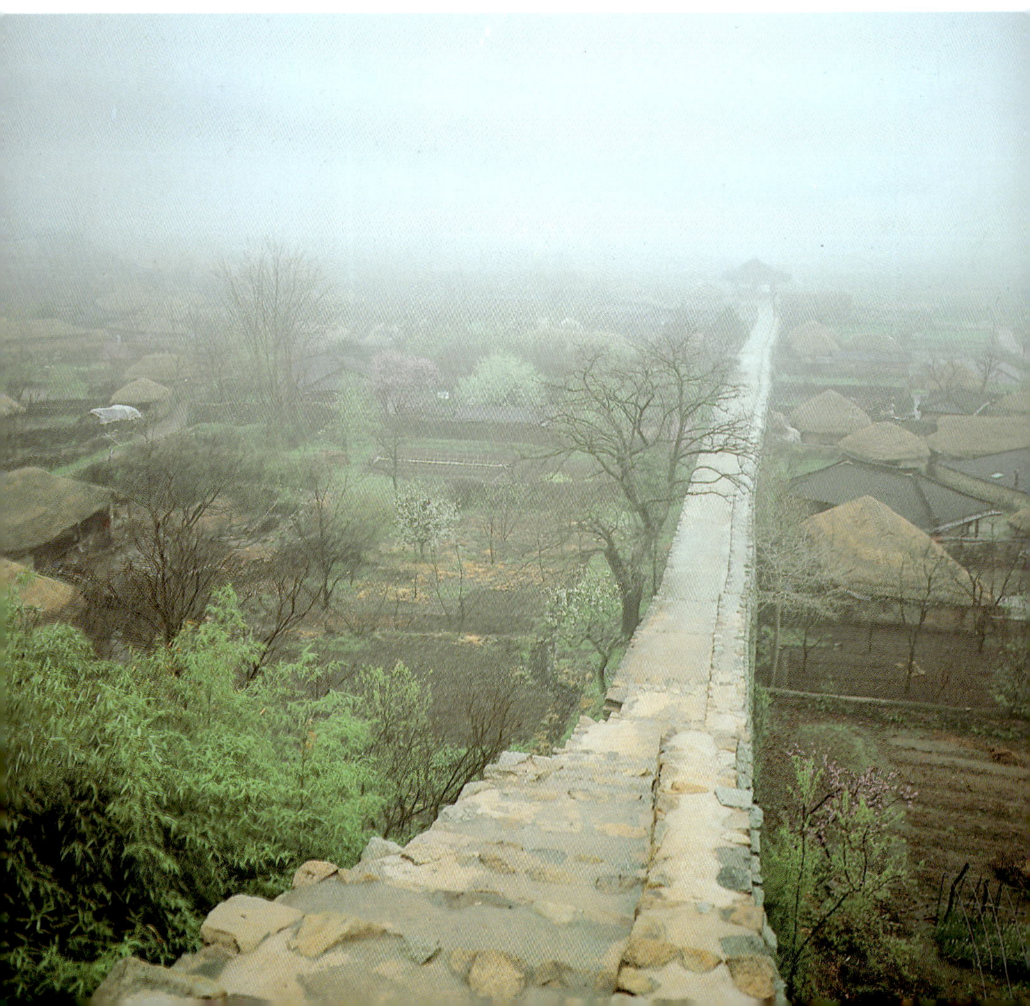

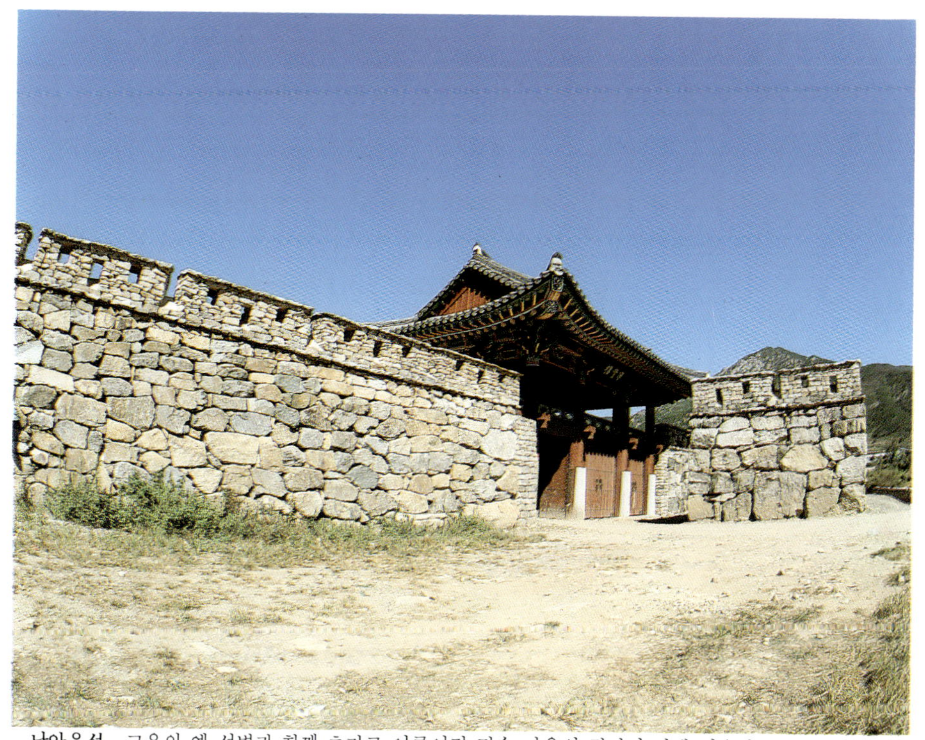

낙안읍성　고읍의 옛 성벽과 함께 초가로 이루어진 민속 마을의 경관이 한데 어울려 예스러운 정취를 더해 준다.(옆면)
낙안읍성의 성가퀴　몸을 숨겨 적을 칠 수 있도록 성 위에 낮게 담을 덧쌓았다.(위)

　　주민들에 의하면 임경업 장군이 쌓은 성이기 때문에 성돌에 손을 대면 부정을 탄다고 믿고 있어 성벽의 훼손이 적었다. 읍성 입구에는 임경업 장군의 선정비(善政碑) 비각이 남아 있다.
　　승주군은 1984년부터 낙안읍성의 대대적인 보수 작업에 착수하여 성벽을 복원하고 동문, 남문과 낙민루(樂民樓) 등 3채의 문루를 복원하였다. 이와 함께 성 안에도 관아 건물을 세워 옛모습을 재현하였다.

남원 교룡산성(蛟龍山城)

남원 읍내에서 서북쪽으로 4킬로미터쯤 떨어진 해발 518미터의 교룡산 위에 쌓은 산성이다. 임진왜란이 일어난 이듬해(1593년) 도원수(都元帥) 권율이 의병장 처영(處英)에게 명하여 오랫동안 묵혀 두었던 이 산성을 대대적으로 수축케 하였다. 처영은 경상도 의령(宜寧)의 승병을 모조리 이끌고 남원부에서 동원된 장정들과 함께 5개월 동안 대역사를 끝냈다. 4년 뒤 정유재란이 일어나자 왜병 10만 명이 남원성을 공격했다. 우리측은 적의 남원성 공격을 사전에 탐지하고 남원 관내 6고을의 양곡을 거두어 이 산성에 저장하는 한편 남원읍성의 모든 관아와 백성을 산성으로 옮겨 일대 결전을 준비하고 있었다. 그러나 원군으로 와 있던 명나라 장수 양원(楊元)은 어리석게도 평지의 남원성에서 싸우기를 고집하여 이 산성을 버리고 나왔다가 남원성에서 참패를 당하였다.

화강석을 다듬어 쌓은 성벽은 매우 잘 남아 있는데 높이는 3 내지 4미터나 된다. 성 안에는 우물이 99개소, 치첩이 1,016개, 그리고 군창과 병기고를 두었으며 성 둘레는 3.1킬로미터이다. 호남 제일의 요지로 대도호부(大都護府)가 설치되어 있던 남원을 방어하던 웅대한 성이다.

수원 화성(華城)

우리나라 성곽 사상 가장 완벽한 제도를 갖춘 수원 화성은 벽돌을 사용하였으며 지금까지 성제(城制)에 없던 포루, 적대(敵臺), 공심돈(空心墩), 각루 등 새로운 시설을 갖추었다. 화성의 축조는 정조(正祖) 18년(1794)부터 20년까지 3년 동안에 이루어졌는데, 성곽 축조의 시말과 제도, 의식 등을 자세히 기록한 「화성성역의궤(華城城役儀軌)」란 책이 간행되어 축성의 전모를 알 수 있다.

화성은 그 외형이 중국식 성을 모방하고 있으나 지형을 잘 살린

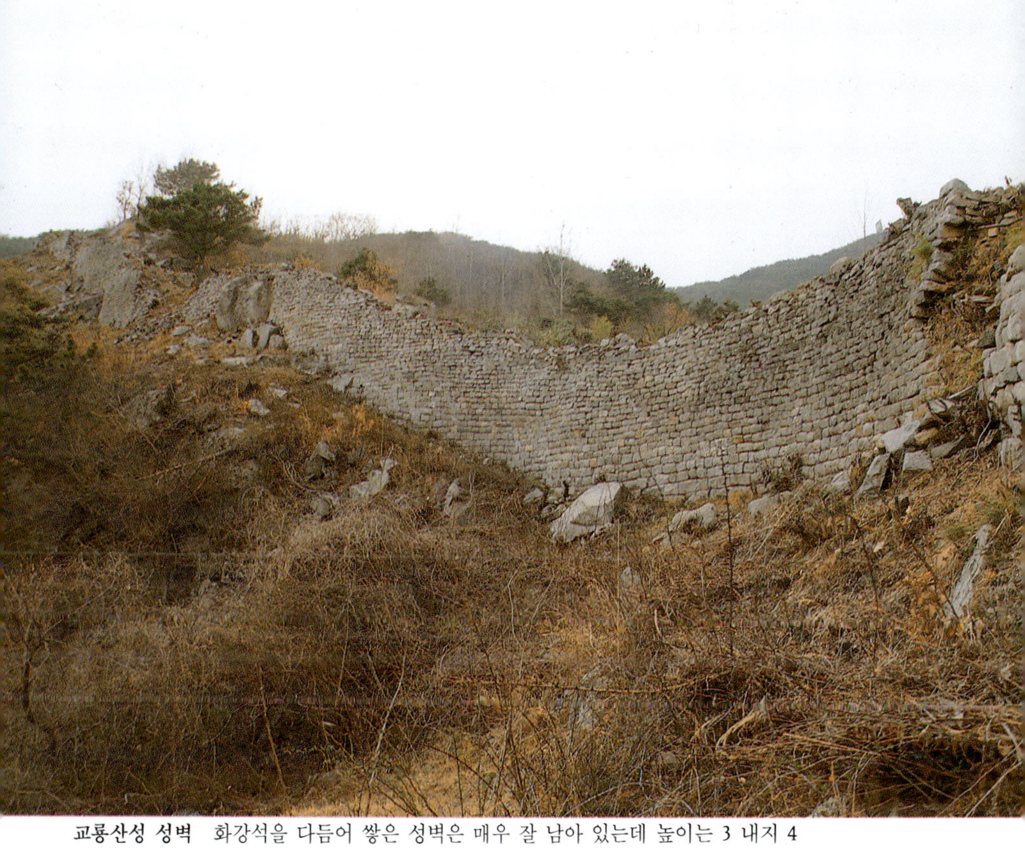

교룡산성 성벽　화강석을 다듬어 쌓은 성벽은 매우 잘 남아 있는데 높이는 3 내지 4 미터나 된다.

점은 우리나라 성곽의 전통에 기초를 두고 있으며 웅장하기보다는 우아한 아름다움을 보여 준다.

　시설물로는 4대문을 비롯하여 암문 4, 수문 2, 적대 4, 공심돈 3, 봉돈(烽墩;봉수대) 1, 포루 5, 장대 2, 각루 4, 포사(砲舍) 3개소가 있고 성 안에는 행궁과 그 부속 건물, 사직단, 공자묘 등을 축조하였다.

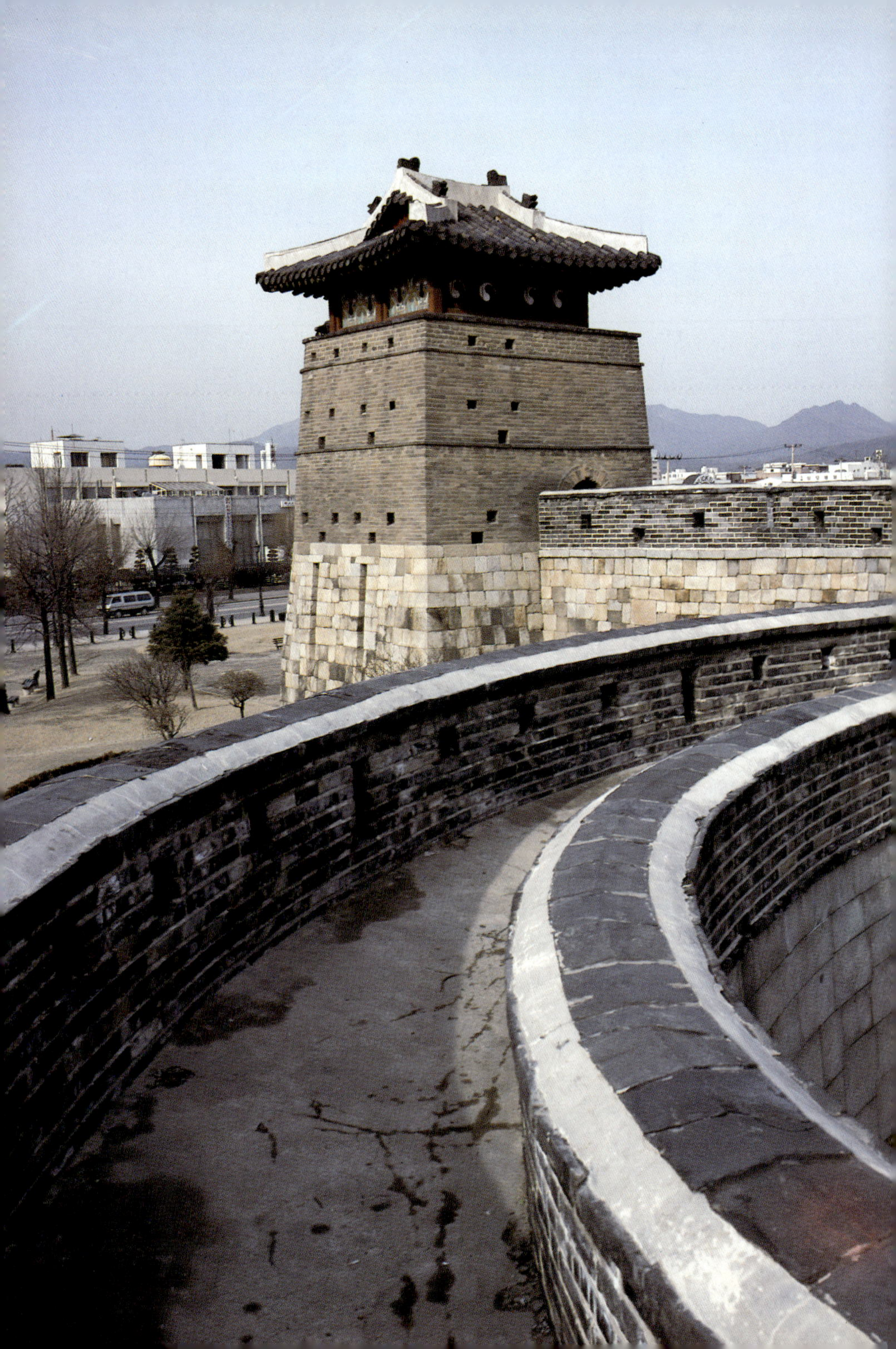

　　2년 6개월이 걸린 이 성역에는 많은 물자와 인원이 투입되었는데 석수 642명, 목수 3,035명, 미장이 295명을 비롯 기술자만 1,820명이 동원되었고 크고 작은 석재 187,600개, 벽돌 695,000여 장이 소요되었다. 총경비는 873,520냥(兩)과 양곡 1,500석이 들었다.

　　수원 화성은 영, 정조 시대에 부분적으로 도입된 기술을 한데 모아 당시의 가능한 축성 기법을 집약시키고 있다는 점에서 우리나라 성곽 발달사에 있어 중요한 비중을 차지한다. 화성 축조에는 정약용(丁若鏞)이 참여하였으며 그는 돌을 들어올리는 기구인 거중기와 녹로를 만들어 사용, 근대적인 과학 기술을 도입하였다.

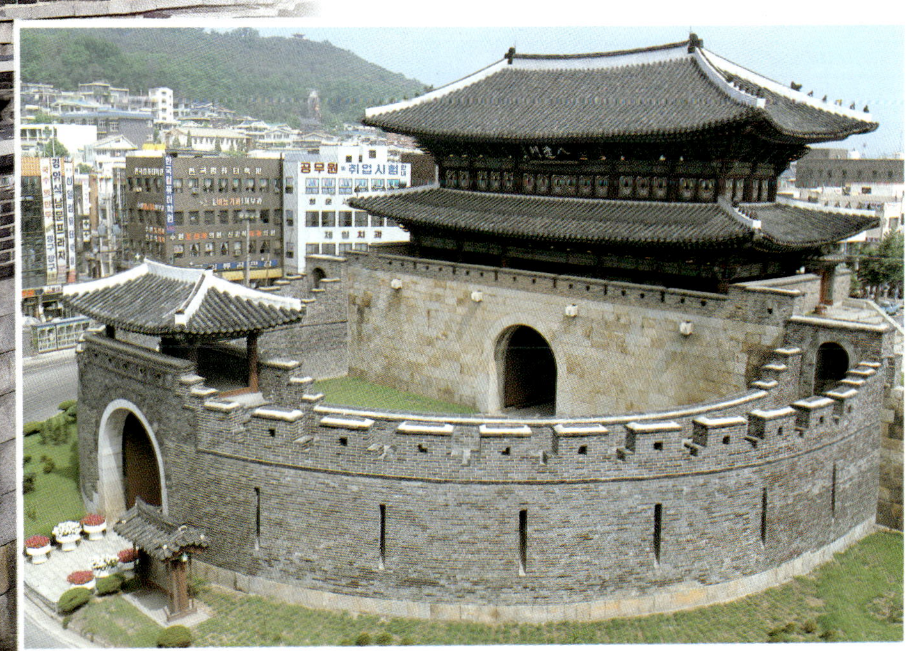

수원성　영, 정조 시대에 부분적으로 도입된 서양 기술을 한데 모아 당시의 가능한 축성 기법을 집약시키고 있다는 점에서 우리나라 성곽 발달사에 중요한 비중을 차지한다.

격전을 치른 성곽

성곽은 적의 공격을 방어하기 위한 시설이다. 따라서 효과적으로 적의 공격을 방어하기 위해서 성벽에 치첩, 성가퀴(성벽을 보호하기 위한 지붕), 망루, 장대, 옹성, 치성 등을 설치하였으며 성벽을 튼튼하게 쌓으려고 노력했다.

우리나라는 삼국시대 이래 잦은 외침으로 많은 전란을 겪었으며 그때마다 치열한 성곽전이 벌어져 끝까지 성을 지킨 수성(守城)의 사례도 있고 역부족으로 성이 적에게 함락되어 비참한 패전을 당한 사례도 있다.

고구려의 요동성이나 고려의 충주성, 조선시대의 행주산성 등은 전자에 속하고, 고구려의 요동성, 임진왜란 때의 서울 도성, 동래성, 진주성 등은 후자에 속한다. 특히 동래성이나 진주성 싸움에서는 성의 함락과 함께 성 안의 군, 관, 민 수만 명이 살육당하는 비극을 겪었다. 그러나 모든 성곽에서 전투가 벌어진 것은 아니고 대체로 전략적으로 꼭 사수해야 할 요충에 자리잡은 성곽들에서 치열한 공방전이 벌어졌다.

요동성(遼東城) 싸움

  요동성은 요동(遼東), 요서(遼西)의 중추로서 고구려의 1급 요새
지였다. 따라서 중국 대륙을 통일한 수나라와 당나라가 고구려를
침공했을 때 요동성에서는 수차례 공방전이 벌어졌다.

  영양왕 23년(612) 수 양제가 113만 대군을 이끌고 고구려 침공
에 나서 요동성이 포위되었다. 그러나 고구려군이 성을 잘 지켜
함락되지 않자 양제가 요동성에 직접 행차하여 독려했으나 끝내
함락시키지 못하였다.

  이듬해 수 양제는 재차 고구려에 침입, 요동성을 치게 하였다.
수나라 군사는 비루(飛樓;망투가 있는 전차), 동(撞;적진을 돌진하
는 전차), 운제(雲梯;공성용 사다리), 공격용 땅굴 등을 이용하여

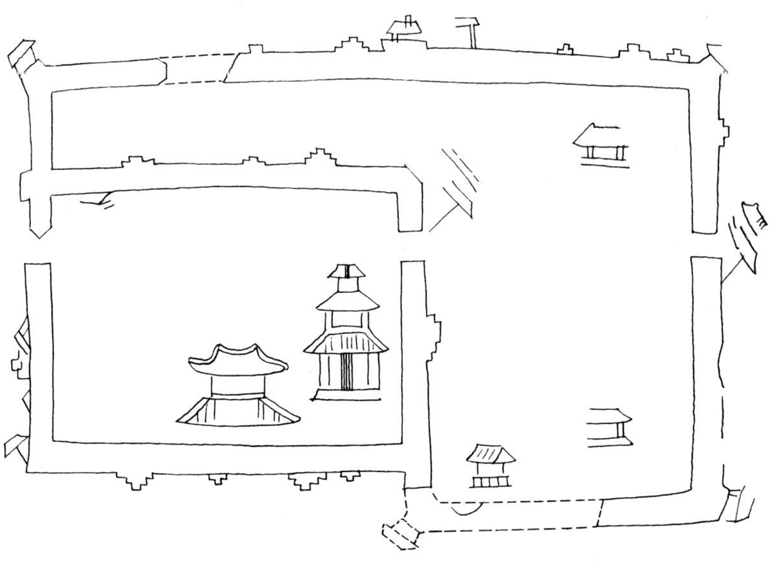

요동성 고분 성곽도

성의 사면에서 일제히 공격을 계속하였다. 고구려인들은 그때 그때의 상황에 대응하여 항전하기를 20여 일, 성은 끝내 함락되지 않았다. 적은 길이가 15장(丈)이나 되는 사닥다리를 운반해 놓고 그 끝에 올라가 고구려군과 접전을 벌이기도 하였다.

요동성이 오래 함락되지 않자 양제는 포대 100여만 장에 흙을 채워서 어량대도(魚梁大道)를 만들도록 하였다. 그 너비가 20보, 높이는 성벽과 같이 해서 그 위에 올라가 성을 공격하였고 바퀴가 8개나 되는 누거(樓車;망루가 있는 차)를 만들어 망루의 높이가 성벽보다 높게 하여 성 안을 내려다보면서 활을 쏘게 하였다. 수군의 총공세에 요동성의 형세가 위태롭게 되었으나 때마침 수나라에서 반란이 일어나 양제는 허겁지겁 퇴각하고 말았다.

수의 침공에 이어 당나라 태종도 고구려에 출병하여 요동성에 이르러 밤낮을 가리지 않고 12일 동안 공격을 하였으나 성은 끄떡없었다. 당나라 군사는 성을 수백 겹으로 포위하고 포차(砲車)를 배열해 놓고 큼직한 돌덩이를 쏘아대었다. 돌덩이는 300보 거리를 날아가는데 이것에 맞으면 어떤 것이든지 바로 무너졌다. 또 당군(唐軍)은 충차(衝車)로 성 위의 집을 들이받아 부수었다. 이때 남풍이 갑자기 불어오자 태종은 긴 장대 끝에 군사를 올려 보내 성루(城樓)에 불을 지르게 했다. 불이 성 안으로 번져 들어가자 혼란한 틈을 타 태종은 장졸을 성 위에 오르게 하여 마침내 요동성이 함락되었다.

안시성(安市城) 싸움

요동성 공략에 이어 당군은 백암성을 무너뜨리고 안시성으로 향하였다. 안시성은 당 태종조차도 "성이 험하고 군사들이 정예로우며 성주(城主)가 재질과 용기가 있어 연개소문이 난을 일으켰을 때에도 이곳은 항복을 받지 못하였던 곳"이라고 공격하기를 두려워하였다.

당 태종은 안시성을 포위하고 60여 일 동안 접전을 되풀이했으나 뜻을 이루지 못하였다. 당군이 안시성 동남쪽에서 토산(土山)을 쌓아 성벽 높이까지 올리자 성 안에서는 성벽을 더 높이 쌓아서 대항하였다. 또 적이 충차와 포석(砲石)으로 성루와 성첩을 파괴하면 성 안에서는 뒤따라 목책을 세워 파괴된 부분을 막았다. 당군이 토산을 쌓는 일도 밤낮을 쉬지 않고 60일 동안 계속했는데 60만 명이 동원되었다. 마침내 토산의 꼭대기가 성에서 두어 자나 더 높아져 성 안을 내려다볼 수 있게 되었으나 마침 토산이 무너져 성벽이 허물어졌다. 고구려군은 무너진 성벽 틈으로 나와 당군이 지키고 있던 토산을 점령했다. 또한 추위가 닥쳐와서 당 태종은 결국 철수령을 내렸는데 희생자는 10명 가운데 8, 9명이었다.

웅주성(雄州城) 싸움

고려 예종 2년(1107) 윤관이 함경도 땅에 9성을 설치한 이듬해 여진 군사 수만 명이 쳐들어와 웅주성을 포위하였다. 성을 지키던 최홍정(崔弘正)이 군사들을 훈계하고 격려하자 모두 나아가 싸울 것을 결의하였다. 곧바로 사방의 성문을 열어젖히고 일제히 뛰쳐나가 적을 크게 패퇴시키고 병거(兵車) 50여 대, 중거(中車) 200대 등을 빼앗았다.

얼마 뒤 여진은 다시 내침하여 웅주성을 포위하였다. 적이 성을 공격한 지 27일이 되자 임언(林彦)과 최홍정 등이 군사를 나누어 성을 지키느라 사람과 말이 아주 지쳐 성이 함락될 위기에 놓였다.

이때 중앙에서 보낸 부원수(副元帥) 오연총(吳延寵)은 정병 1만 명을 거느리고 네 갈래로 나누어 땅과 바다로 동시에 진격하여 웅주 성을 구하였다.

귀주성(龜州城) 싸움

고려 고종 18년(1231) 원나라 태종은 살례탑을 원수로 삼아 고려에 침범해 왔다. 몽고군은 함신진(咸新鎭;지금의 의주), 철주성 (鐵州城)을 함락시키고 귀주에 이르렀다. 이때 서북면 병마사(西北 面 兵馬使) 박서(朴犀)는 정주(定州), 삭주(朔州), 위주(渭州), 태주 (泰州) 등의 고을 수령들과 더불어 군대를 거느리고 귀주에 모였 다. 이에 처절한 귀주성 공방전이 벌어진다.

성을 포위한 몽고군은 온갖 방법을 다 동원하여 성을 공격해 왔 다. 수레에 풀과 나무를 잔뜩 싣고 화공(火攻)을 시도하면 고려군은 쇠를 녹인 물을 포차로 쏘아 이를 불태웠다. 적은 누거(樓車)와 목상 (木床)을 만들어 쇠가죽으로 씌워 그 안에 군마를 숨겨 성 밑에 육박하여 땅굴을 파기 시작하였다. 성 안의 고려군은 성벽에다 구멍 을 뚫고 쇠를 녹인 물을 부어 누거를 불태웠다. 적이 큰 포차 15대 를 앞세워 성의 남쪽을 급히 공격하자 박서는 성 위에 대(臺)를 구축하고 포차로 돌덩이를 쏘아 물리쳤다.

성벽의 파괴가 어렵게 되자 몽고군은 섶에다 사람의 시체에서 짠 기름을 축여서 불을 놓아 화공을 시도하였다. 성 안에 불길이 솟자 박서는 진흙을 물에 타 던지니 불길이 꺼졌다.

몽고군은 성을 포위한 지 달포 동안 온갖 꾀를 다 내어 공격을 해보았으나 박서는 임기 응변으로 잘 막아 내므로 몽고군은 드디어 퇴각하여 서경(西京;지금의 평양)으로 향하였다. 몽고군 주력이 남진한 뒤에도 귀주성은 여러 차례 공격을 받았으나 끝내 함락되지 않았다. 주변 성들이 거의 적의 수중에 들어갔음에도 귀주성만은 건재하였다. 나이 70에 가까운 한 몽고 장수는 성 밑에 와서 성루와 시설들을 돌아보고는 감탄을 하며 "내가 소년 때부터 전쟁 터를 돌아다녔지만, 이처럼 공격을 받고도 항복하지 않는 경우는 일찍이 본 일이 없다. 성 안의 여러 장수들은 후일에 반드시 모두 장상(將相)이 될 것이다"라고 경의를 표하였다.

죽주성(竹州城) 싸움

고려가 도읍을 강화로 옮긴 뒤 고종 23년(1236) 몽고군은 재차 고려에 침입, 평안도를 휩쓸고 다시 개경, 남경(南京;지금의 서울), 평덱을 거쳐 죽주성(竹州城;지금의 죽산)에 이르러 항복을 권유하였으나 성 안의 고려군은 나아가 적을 쳐서 패퇴시켰다. 몽고군은 다시 와서 포를 앞세우고 성을 공격해 왔다. 사면의 성돌이 포에 맞아 부서졌다. 성 안에서도 포를 쏘아 역습하자 몽고군은 감히 접근해 오지 못하였다.

얼마 안 돼 몽고군은 사람 기름, 관솔불, 쑥풀 등을 마련하여 불을 놓으며 공격해 왔다. 그러자 성 안의 군사들은 일시에 성문을 열고 나가 기습하여 몽고군으로 하여금 수많은 사상자를 내게 하였다. 몽고군은 갖가지 방법으로 15일 동안이나 죽주성을 공격했으나 함락시키지 못하고 공성용 기구들을 불태우고 물러갔다. 성을 지킨 방호별감(防護別監) 송문주(宋文胄)는 일찍이 귀주성 전투에 참가한 일이 있어 몽고군이 성을 공격해 오는 방법을 익히 알고 있었다. 그래서 적이 계획하고 있는 작전을 미리 알아맞히고 곧잘 군사들에게 말하기를 "오늘은 적이 틀림없이 어떤 기계를 설치할 것이니

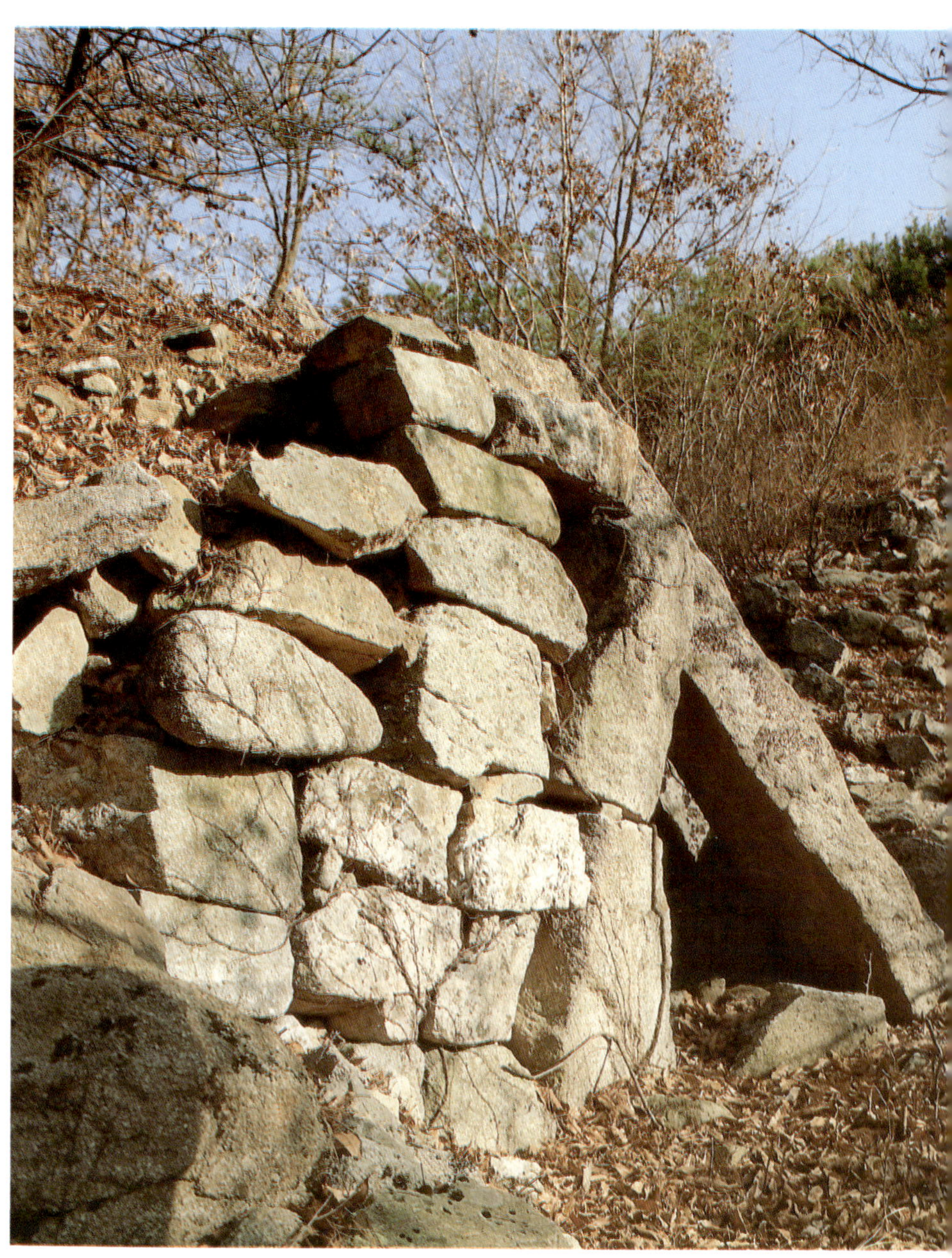

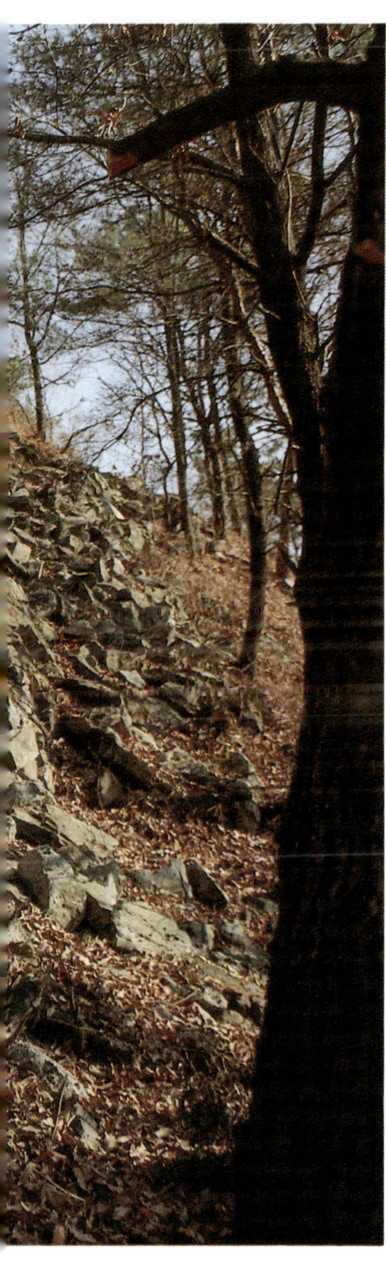

우리는 마땅히 이러이러한 전략으로
이에 대응해야 한다"며 곧바로 준비
하여 대기하도록 했다. 적이 공격해
오는 걸 보면 과연 그의 말과 같아
성안 사람들은 모두 그를 신명(神
明)이라고 하였다.

안성 죽주성의 암문 고종 23년 몽고군이 재차
침입, 평안도를 휩쓸고 다시 개경, 남경, 평택을
거쳐 죽주성에 이르러 항복을 권유하였으나
성 안의 고려군은 나아가 적을 쳐서 패퇴시켰
다.

동래성(東萊城) 싸움

조선 선조 25년(1592) 4월 14일 부산진을 기습 점령한 왜군은 이튿날 동래성에 들이닥쳤다.

동래 부사 송상현(宋象賢)은 부임한 이래 1년 동안 읍성 밖 사면에 호를 파게 하여 보강하고 방책을 만들기도 하고 성벽을 수리하였으며 군사들을 훈련시켰다.

적은 성 밖에 있는 나무에 붙어서 화살과 돌을 막으면서 동래성을 에워싸기 시작하였다. 적은 성 남쪽에 있는 고개에 집결한 뒤 "싸우자면 싸울 것이고 싸우지 않으려면 우리에게 길을 빌리라"고 협박해 왔다. 이에 송부사가 "싸워서 죽기는 쉬운 일이로되 길을 빌리기는 어렵다"고 항전의 결의를 보이자 적은 주력 부대를 3종대로 나누어 삼중으로 포위하고 공격을 가해 왔다.

2만여 왜군들이 일시에 고함을 지르며 성벽을 기어오르려 하자 성 안의 우리 군사도 이에 맞서 일대 격전이 벌어졌다. 적은 허수아비를 만들어서 기다란 장대 끝에 높이 꽂아 성 안을 내려다보게 하였는데, 이 광경을 본 성안 백성들은 놀라 소동을 벌이기도 하였다. 적이 일제히 쏘아댄 조총이 성 안 여러 곳에 떨어져 백성들의 사상자가 늘어났고 마침내 일부 왜병들이 성벽을 뛰어넘어 들어왔다. 남문 위에 앉아 진두에서 지휘하던 송상현 부사는 끝까지 성을 지키다가 객사에서 장렬하게 전사하였다.

부산진 순절도(殉節圖) 1592년 4월 13일 부산진에 상륙한 왜병을 맞아 격전을 벌인 부산진성 공방전의 그림이다. 1760년 제작. 가로 96센티미터, 세로 145센티미터.

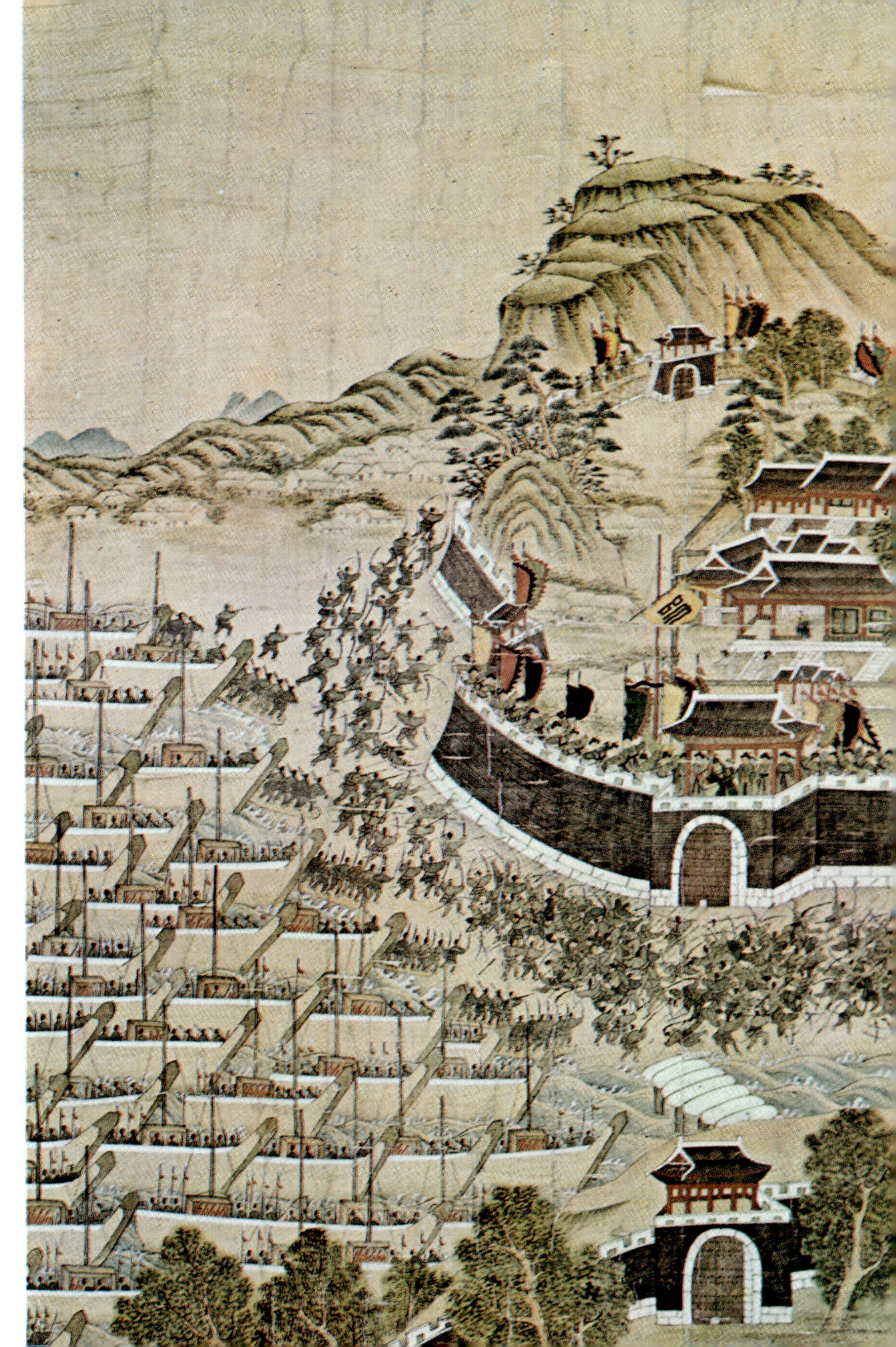

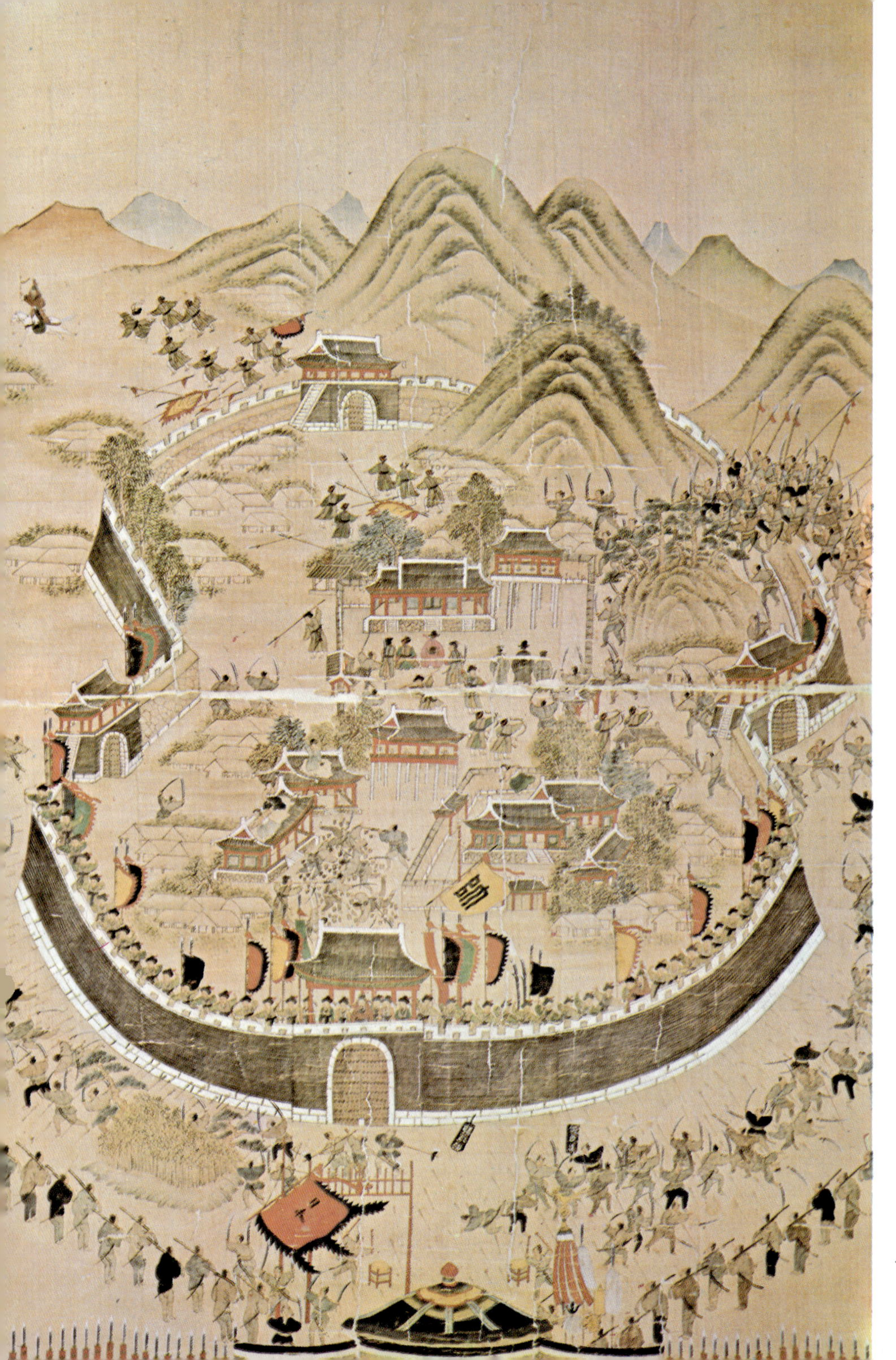

청주성 싸움

선조 25년 8월 1일 의병장 조헌(趙憲)은 승병장(僧兵將) 연규 (靈圭)의 군사와 함께 청주성 탈환 작전에 나섰다.

서문을 향해 아군이 일제히 공격을 시작하자 성 안의 왜병은 기선 을 잡으려고 수십 명이 성 밖으로 뛰어나와 조총을 쏘며 공격하였 다. 우리 군사는 지형과 수목을 이용하여 활을 쏠 수 있는 곳까지 전진, 잠복하였다가 일시에 적을 포위하여 공격하니 왜병은 많은 사상자를 낸 채 성 안으로 도망쳤다.

성문 밖에 다다른 아군은 긴 사다리와 줄사다리를 이용하여 성벽 을 기어 올라갔는데, 이때 일부 군사들은 성의 동남북 3면에서 함성 을 지르면서 적을 공격하였고 주력은 서문 공격에 임하였다. 성 위에 오른 아군이 성 안으로 뛰어들기 직전 소나기가 쏟아져 하는 수 없이 군사를 철수시켰다. 그러나 적은 의병의 세력을 당할 수 없음을 알고 이날 밤 안으로 성을 빠져 도주해 버려 다음날 청주성 을 수복할 수 있었다.

경주성 싸움

선조 25년 8월 20일, 경상 좌병사(慶尙左兵使) 박진(朴晉)은 의병 대장 권응수와 의병장 정세아(鄭世雅)가 이끄는 1만의 병력으로 경주성을 공략하였다. 아군은 먼저 성 밖에 있는 민가에 불을 지르

동래부사 순절도 동래읍성의 공방전을 잘 보여 주고 있다.
1760년 제작. 가로 96센티미터, 세로 145센티미터.

게 하고 이 틈을 타서 성을 에워싸고 공격을 개시하여 혈전이 벌어졌다. 이때 언양(彦陽) 방면에 매복해 있던 적의 대병력이 불의에 기습하여 성을 공격하던 우리 군사는 적에게 오히려 포위를 당해 패하고 안강(安康)으로 돌아갔다.

일단 후퇴했던 박진은 병력을 수습하여 9월 8일, 5천 군사로 경주성 재차 공격을 감행하였다. 이 싸움에서 아군은 화포장(火砲匠) 이장손(李長孫)이 고안한 신무기 비격진천뢰(飛擊震天雷)를 성중에 쏘아 적의 간담을 서늘케 하였다.

비격진천뢰는 화약을 장치한 폭탄으로서 땅에 떨어진 뒤 한참 있다가 굉음을 내고 폭발하는데, 즉사하는 자가 30여 명이나 되었다. 아군은 성 밖에서 이 폭음을 듣고 일시에 화전(火箭)으로 공격하여 밤새도록 교전하였다. 적은 사상자가 많아지자 9월 9일에 성을 비워 놓고 서생포(西生浦) 방면으로 도주하였으므로 아군이 성을 수복하였다.

진주성(晉州城) 싸움

적은 경상도의 요충인 진주성을 함락시키고자 2만여 병력을 투입, 일거에 유린하려고 하였다. 진주성을 지키던 목사 김시민(金時敏)은 성문을 굳게 닫고 3천 8백의 적은 군사로 적을 잘 막아 성을 보전하였다.

선조 25년 10월 5일, 진주성을 공격하기 시작한 적의 대병력은 삼면에서 진을 치고 성을 압박하였다. 7일 밤 적들은 동문 밖에 수백 보 되는 길이로 큰 대나무를 엮어 세우고, 그 안에 판자를 또 세운 뒤에 흙과 돌로써 층루(層壘)를 언덕과 같이 만드니, 높이가 성벽 높이와 같아 적은 그 위에서 조총을 쏘며 성을 엿보았다. 또 8일에

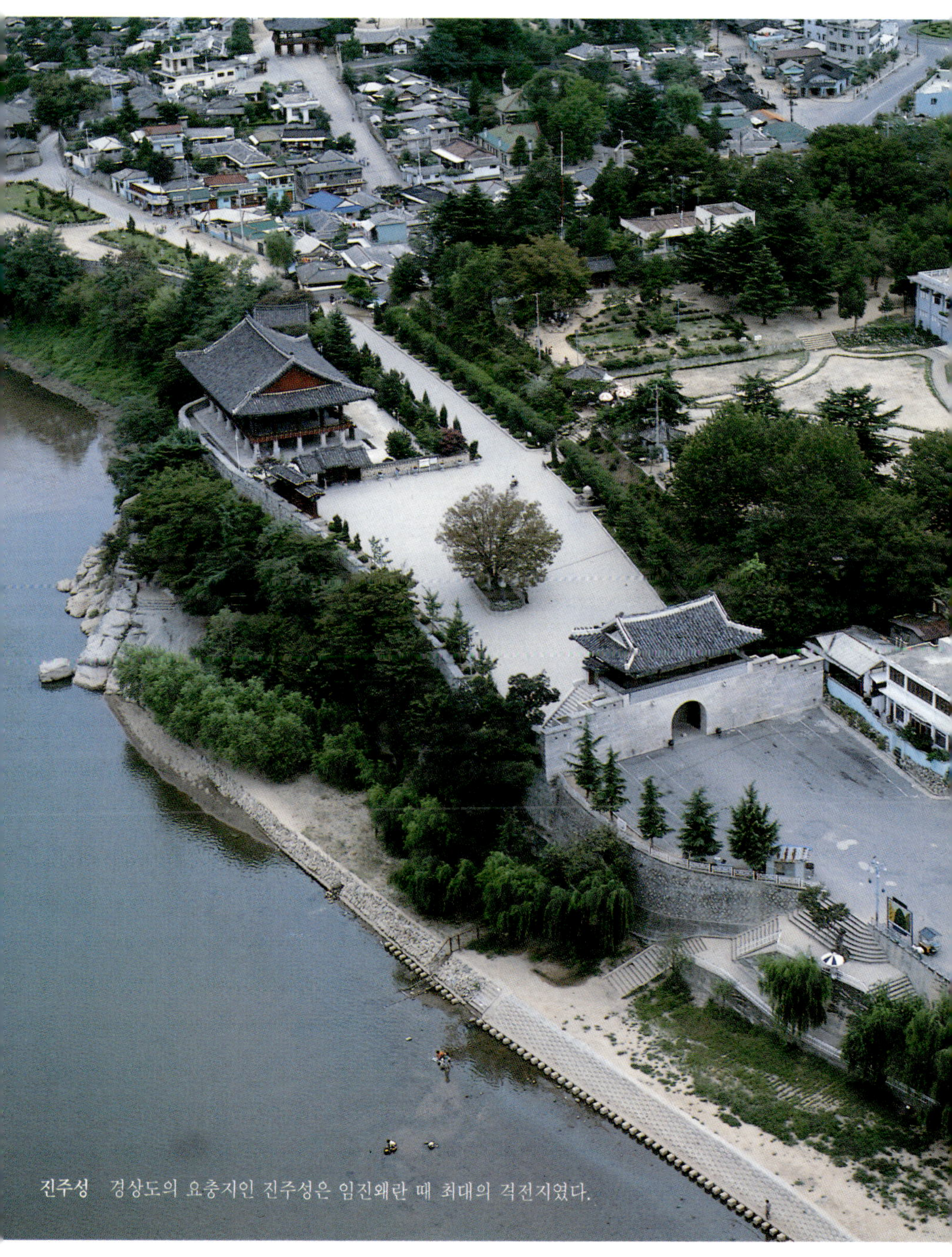

진주성　경상도의 요충지인 진주성은 임진왜란 때 최대의 격전지였다.

는 수천 개의 대나무 사다리를 만들어 멍석으로 그 위를 덮은 뒤 성벽을 기어 올라가게 하였으며, 3층이나 되는 산대(山臺)를 만들어 바퀴를 달아 끌게 하는 등 여러 계책을 다 썼으나 성 안에서는 비격진천뢰와 화약포를 쏘아 이를 격퇴하였다. 10일에 적은 동문 신성(新城)을 공격하고 나머지 1만 명은 북문 밖으로 쳐들어왔는데, 김시민은 비격진천뢰와 화살, 큰 돌과 끓는 물, 불붙은 짚단을 던져 적의 공성을 저지시켰다. 싸움이 이렇게 며칠 동안 계속되었으나 적은 성을 함락시키지 못하고 10월 10일 퇴각하였다.

진주성에서 패퇴한 적은 이듬해 6월 19일, 지난번 패전의 원한을 갚기 위해 9만 3천의 대병력으로 재차 공격하여 11일 만에 성을 함락시키고 성 안에 있던 6만여의 백성들을 학살하였다. 적은 성 아래 호(壕)의 물을 모조리 뽑아 말린 뒤 그 위를 흙으로 덮어 도로를 만들고, 성벽 밑으로 굴진 작업을 하여 성벽의 초석을 파내기도 하며, 성 밖에 흙을 쌓아 토산을 만들고 그 위에 망루를 세워 놓은 뒤에 성 안을 내려다보며 조총과 포를 쏘기도 하였다. 성 안에서도 아군은 높은 토산을 만들어 적의 공격에 대처하는 등 결사적인 항전을 계속하였다.

적은 또 큰 나무궤를 만들어 가죽으로 위를 덮고 그 속에 군사를 숨겨 육박하여 파괴하려고 기도하였으나, 성 안에서는 큰 돌을 던지면서 활과 총통으로 물리쳤다. 적은 동문 밖에 큰 기둥 두 개를 세우고 그 위에 판옥을 세워 성중을 향해 화전을 쏘아 방화를 했는데, 아군도 성중에서 판옥을 만들어 이에 대항하였다. 적의 공성법은 다양하여 성문 밖 다섯 곳에 큰 언덕을 만들어 놓고 울타리를 세운 뒤 공격을 하는가 하면 귀갑차(龜甲車)로 성벽 밑에까지 육박한 뒤에 철퇴로써 성벽에 구멍을 뚫기도 하였다.

6월 29일 동문 성벽 밑에 접근한 적이 성벽의 큰 돌 몇 개를 뽑아내자 성벽과 치첩이 무너져 적은 이 틈으로 성 안에 뛰어들었다.

창의사(倡義使) 김천일(金千鎰) 이하 수성군은 적과 끝까지 싸우다
가 장렬하게 전사하였다.

남원성(南原城) 싸움

정유재란 때 전라도를 침공한 적은 전주성을 점령하고 여세를
몰아 남원성을 공격하였다.

남원성에는 명나라 군사 약 3천 명과 조선 군사 1천 명이 지키고
있었는데, 명나라 총병(摠兵) 양원(楊元)은 성벽 높이를 한 길이나
더 증축하고 성호(城壕)를 두 길이나 더 파는 등 방어 태세를 갖추
고, 성문에는 대포 2, 3문을 설치해 놓았다.

적은 세 방면으로 성을 포위, 토목 공사를 일으켜 큰 나무를 베어
서 성 옆에 구름다리를 만들고 민가의 판자를 뜯어서 성 밖에 방책
을 세우기도 하였다. 또 토석을 날라다가 성호를 메우고 그 위에
통로를 만들었다. 명나라 장수 양원은 성문을 열고 나가 싸웠으나
적의 복병에 걸려 성 안으로 되돌아왔다.

적은 한밤중에 공격을 시작하여 호를 평탄하게 메우고 양마장
(羊馬墻) 높이와 같은 높이로 토석을 쌓아 놓고 성 안을 굽어보면서
총포를 쏘고 성벽을 기어올라 성루에 불을 지르자 이에 호응하여
적병이 일시에 돌입하였다. 수성군은 적과 치열한 접전을 벌였으나
마침내 성은 함락되고 전라 병사(全羅兵使) 이복남(李福男) 이하
장졸들은 장렬하게 전사하였다.

맺음말

　우리나라의 성곽은 그 하나하나가 역사의 매듭이요, 조상들이 살아온 삶의 발자취이다. 유난히 외침이 잦았던 우리나라의 역사 속에서 외적을 막아 국토를 지키려 했던 선인의 끈질긴 호국 의지의 산물이며, 분열되어 있던 시대에 주도권을 장악하기 위해 서로 다른 세력끼리 각축을 벌이는 과정에서 쌓고, 빼앗고, 빼앗기던 현장이기도 하다.

　국력이 성장하면 새로운 성곽을 축성하였고 또 영토 확장을 위해 이웃 세력의 성곽을 쳐서 빼앗았다. 반대로 국력이 쇠약해지면 쫓기면서 성곽을 내주고 영토는 줄어들어 도읍까지 옮겨야만 하였다. 그러면서 민족 국가들끼리 통합을 이루고 통일의 대업(大業)을 이룩하여 나갔다.

　백제 의자왕(義慈王)이 신라를 쳐 대야성(大耶城;지금의 합천)을 함락시켰을 때 무참하게 살해당한 성주는 뒤에 태종 문무왕이 된 김춘추(金春秋)의 사위였다. 딸과 사위의 비보를 전해 듣고 김춘추는 백제 의자왕에 대한 복수를 하늘에 맹세하였고 이 비원(悲願)은 얼마 뒤에 실현되어 사비성 함락과 함께 의자왕은 김춘추의 앞에 무릎을 꿇게 된다. 이렇듯 숱한 세월 동안 우리 조상들은 성을 쌓고 수축하는 일에 많은 노역(勞役)과 재화(財貨)를 들였다. 인구가 적어 노동력이 적었던 시대에 대규모의 성역(城役)을 해낸다는 것은 엄청난 어려움이었을 것이다. 더구나 산 중턱이나 정당에 쌓는 산성의 경우에는 말할 수 없는 어려움이 따랐을 것이다.

성돌을 산꼭대기까지 운반하기 위해서 목도(木道)밖에 달리 방법이 없었던 시절에 백성들의 노역이 얼마나 힘들었을까는 상상하기 어렵지 않다. 그럼에도 성곽은 쉼없이 축성되었으며 그 결과 '조선은 성곽의 나라'라는 표현까지도 나오게 되었다.

우리나라의 산성이나 도성은 자연의 형세를 이용하여 꾸불꾸불 굽이쳐 돌아나간다. 네모 반듯한 중국의 성이나 성관(城舘)을 중심으로 쌓는 일본의 성과는 판이하게 다른 형태이다. 외적이 침입해 오면 군인들뿐 아니라 백성들이 함께 성 안에 들어가 성문을 닫아 걸고 끝까지 항전하여 성을 지킨다. 부녀자들까지도 병사들을 도와 돌을 날랐으며 승려들도 승병(僧兵)을 일으켜 나라를 구하는 일에 앞장섰다. 특히 승병들은 축성과 수성에 큰 몫을 담당하였다.

산길에서 우연히 마주치는 허물어진 성벽 한 자락에서 우리는 조상들의 국토 수호에 대한 어기찬 숨결을 느낄 수가 있다. 무너져 내린 그 성돌 하나에도 우리는 숙연한 마음을 가다듬어야 할 것이다. 좁은 국토에서 유난히도 전란(戰亂)이 많았던 나라, 그리하여 산 위에, 평지에, 바닷가에 유난히도 많은 성곽을 쌓아야 했던 우리 조상들의 드높은 의지와 함께 고달팠던 삶을 생각하게 된다.

성돌에 공사 감독자의 이름을 새기기도 하고 성을 쌓은 다음에는 준공의 내용을 밝히는 비석을 세워 놓기도 하였다. 단양(丹陽)의 적성비(赤城碑), 경주의 남산 신성비(新城碑)가 그러한 예이다.

성에는 또 많은 전설이 얽혀 전해지는 경우가 있다. 오누이가 목숨을 걸고 내기를 거는데 오빠는 나막신을 거꾸로 신고 한양길을

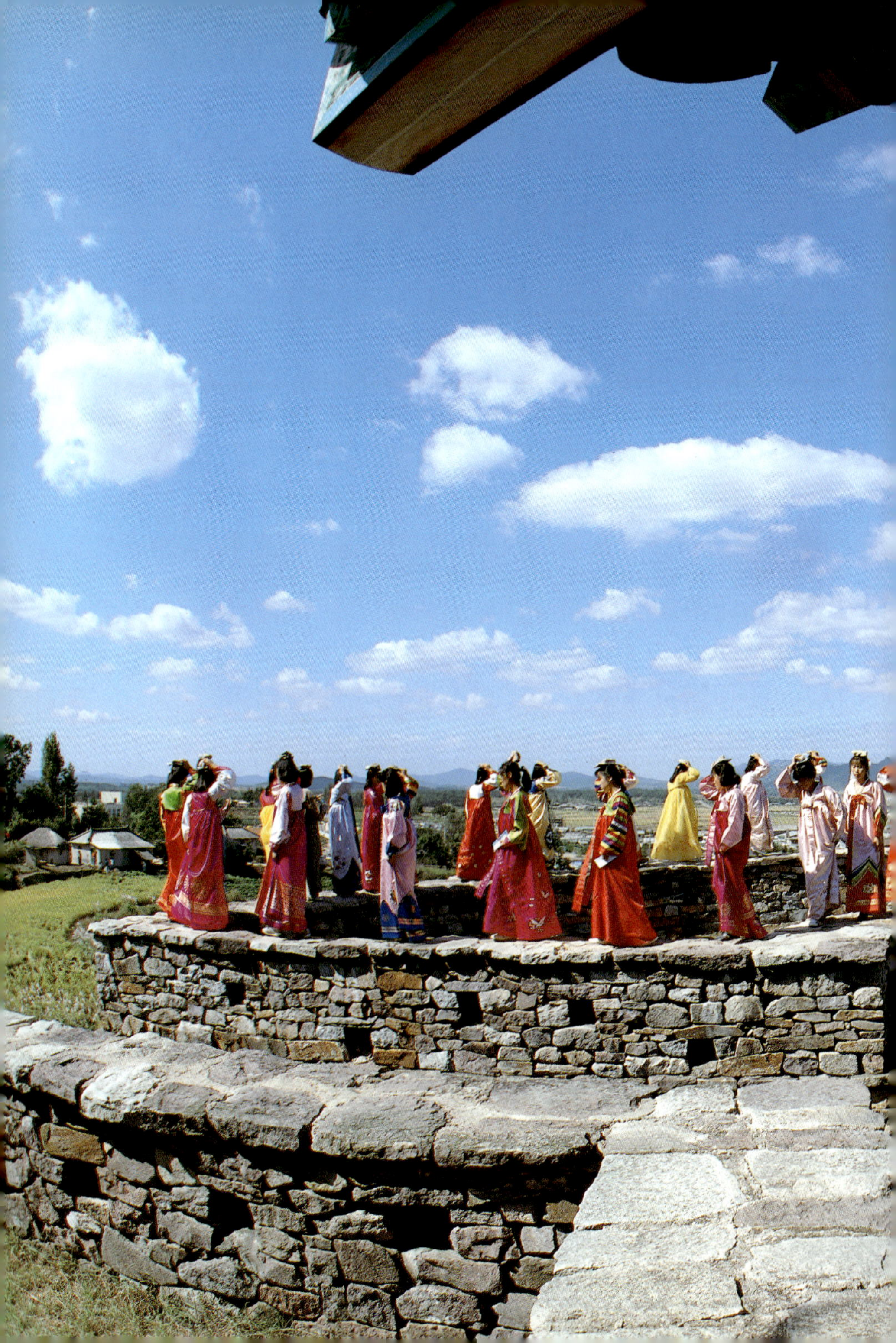

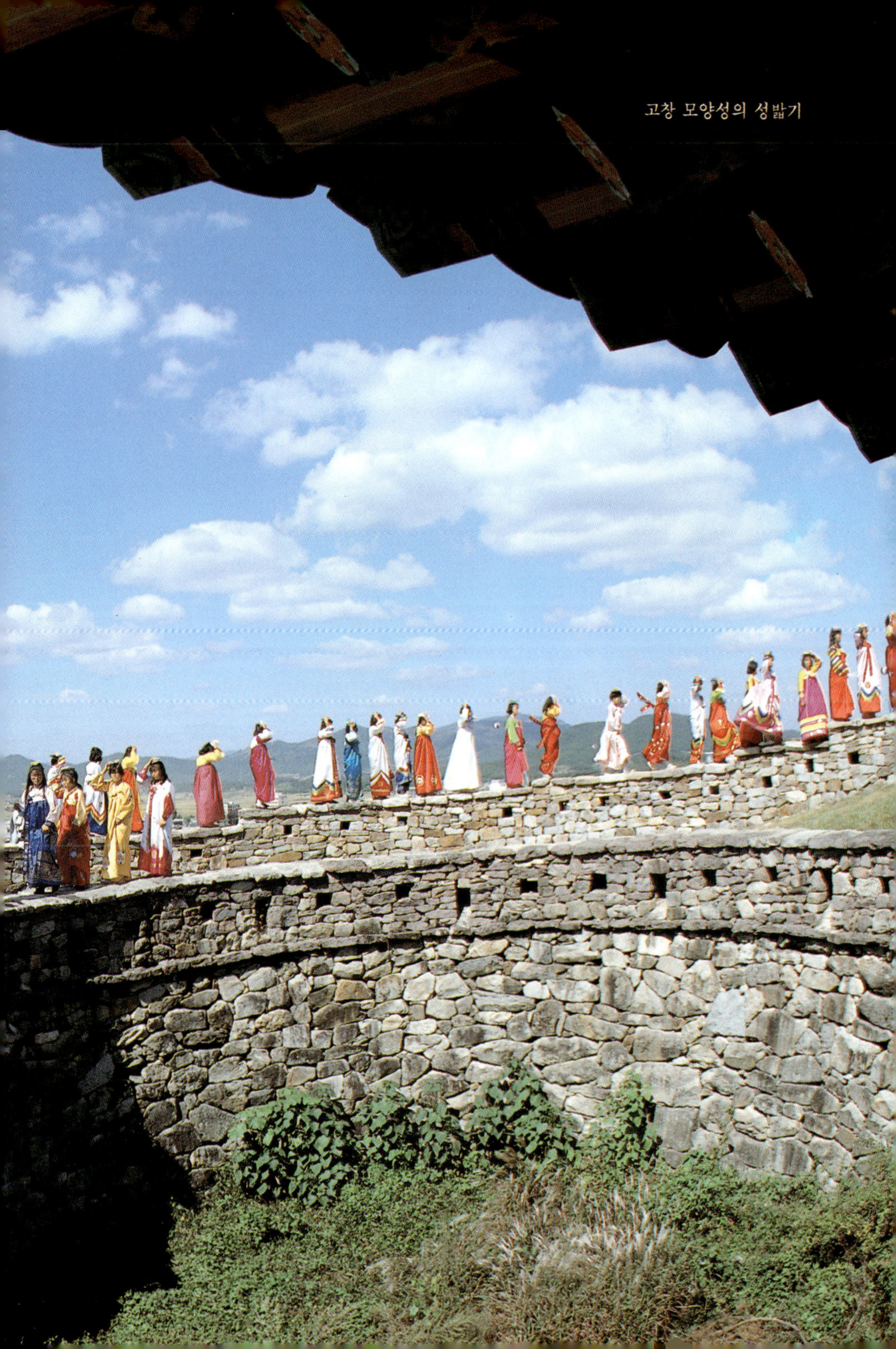

고창 모양성의 성밟기

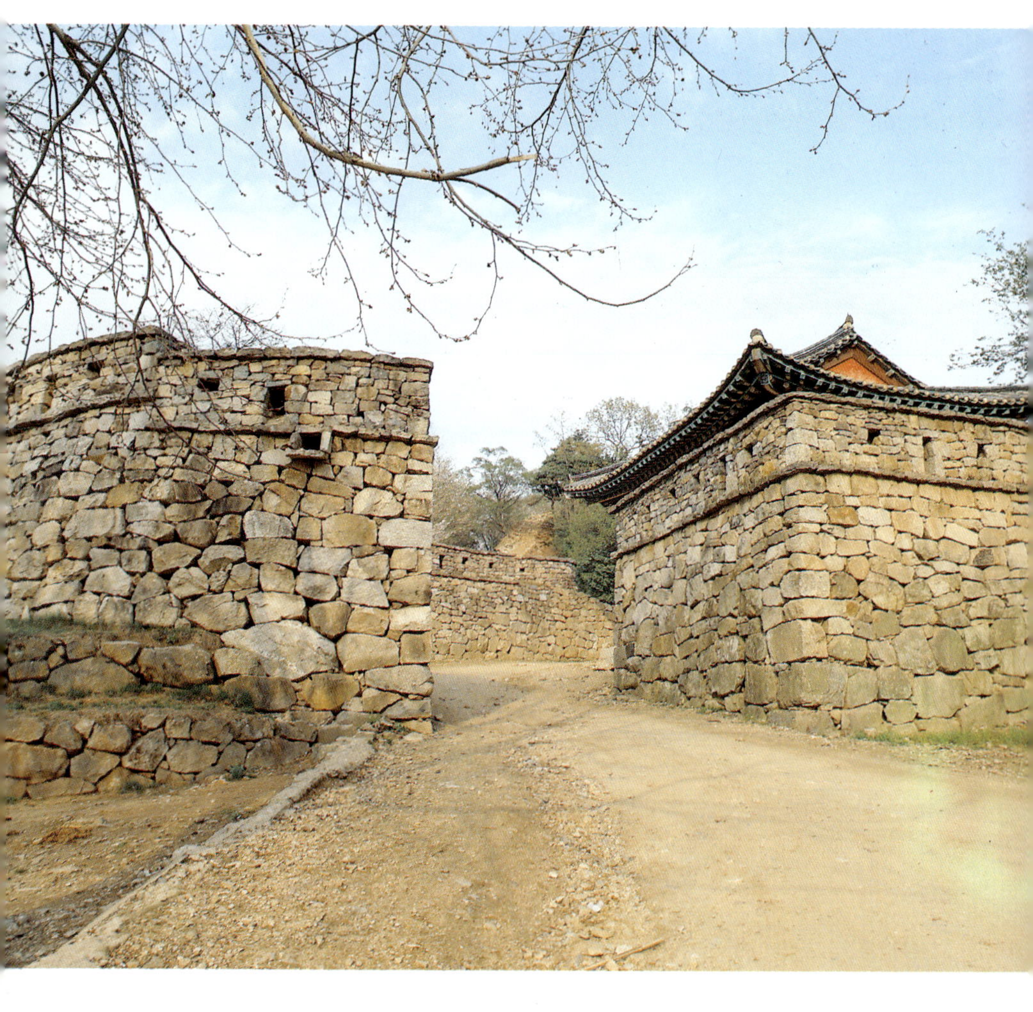

고창 모양성　조선 초기의 대표적인 읍성이며 가장 잘 보존된 석축 성곽이다.

126 맺음말

다녀와야 하며 누이는 치마폭에 돌을 날라 성을 쌓는 것이다. 오빠가 돌아올 기척이 없는데 누이는 성을 거의 쌓게 되자 이를 본 어머니는 아들을 살리기 위해 팥죽을 쑤어 놓고 딸을 꼬여 팥죽을 먹게 했다는 것이다. 그 사이 한양에 갔던 아들이 들이닥쳐 내기에 진 누이가 목숨을 잃는다는 슬픈 전설도 있다.

성 밟기를 하면 일년 내내 다리 병이 안 난다고 해서 고창(高敞) 모양성(牟陽城)에서는 윤달이 부녀자들이 성을 밟는 민속이 지금도 전해지고 있다. 성돌을 빼가면 부정을 탄다고 전해져 성벽이 잘 보존되는 읍성도 있다. 승주 낙안읍성이 그러한 예이다. 이러한 민속과 금기(禁忌)는 성벽을 오래오래 잘 보존하려는 의도에서 나온 것이다. 얼핏 하잘것없이 보이는 성의 흔적이라도 우리에게는 귀중한 유적이며 문화재라는 점을 인식하여 보존에 힘을 기울여야만 할 것이다.

빛깔있는 책들 102-27

한국의 성곽

글 / 반영환
사진 / 최진연
발행인 / 김남석
발행처 / 주식회사 대원사

편집이사 / 김정옥
전　　무 / 정만성
영업부장 / 이현석

첫　판 1쇄 —1991년　8월 17일　발행
첫　판 6쇄 —2002년　10월 30일　발행
재　판 1쇄 —2011년　8월 15일　발행

135-940 서울 강남구 일원동 일원동 640-2
전화번호/(02) 757-6717~9
팩시밀리/(02) 775-8043
등록번호/제 3-191호
http://www.daewonsa.co.kr

이 책에 실린 글과 그림은 저자와 주식회
사 대원사의 글로 적힌 동의가 없이는 아
무도 이용하실 수 없습니다.

잘못된 책은 서점에서 바꿔 드립니다.

책값/8500원

Daewonsa Publishing Co., Ltd.
Printed in Korea(1991)

ISBN 978-89-369-0109-7 00540

빛깔있는 책들

민속(분류번호:101)

1 짚문화	2 유기	3 소반	4 민속놀이(개정판)	5 전통 매듭
6 전통 자수	7 복식	8 팔도 굿	9 제주 성읍 마을	10 조상 제례
11 한국의 배	12 한국의 춤	13 전통 부채	14 우리 옛악기	15 솟대
16 전통 상례	17 농기구	18 옛다리	19 장승과 벅수	106 옹기
111 풀문화	112 한국의 무속	120 탈춤	121 동신당	129 안동 하회 마을
140 풍수지리	149 탈	158 서낭당	159 전통 목가구	165 전통 문양
169 옛 안경과 안경집	187 종이 공예 문화	195 한국의 부엌	201 전통 옷감	209 한국의 화폐
210 한국의 풍어제	270 한국의 벽사부적			

고미술(분류번호 : 102)

20 한옥의 조형	21 꽃담	22 문방사우	23 고인쇄	24 수원 화성
25 한국의 정자	26 벼루	27 조선 기와	28 안압지	29 한국의 옛 조경
30 전각	31 분청사기	32 창덕궁	33 장석과 자물쇠	34 종묘와 사직
35 비원	36 옛책	37 고분	38 서양 고지도와 한국	39 단청
102 창경궁	103 한국의 누	104 조선 백자	107 한국의 궁궐	108 덕수궁
109 한국의 성곽	113 한국의 서원	116 토우	122 옛기와	125 고분 유물
136 석등	147 민화	152 북한산성	164 풍속화(하나)	167 궁중 유물(하나)
168 궁중 유물(둘)	176 전통 과학 건축	177 풍속화(둘)	198 옛 궁궐 그림	200 고려 청자
216 산신도	219 경복궁	222 서원 건축	225 한국의 암각화	226 우리 옛 도자기
227 옛 전돌	229 우리 옛 질그릇	232 소쇄원	235 한국의 향교	239 청동기 문화
243 한국의 황제	245 한국의 읍성	248 전통 장신구	250 전통 남자 장신구	

불교 문화(분류번호:103)

40 불상	41 사원 건축	42 범종	43 석불	44 옛절터
45 경주 남산(하나)	46 경주 남산(둘)	47 석탑	48 사리구	49 요사채
50 불화	51 괘불	52 신장상	53 보살상	54 사경
55 불교 목공예	56 부도	57 불화 그리기	58 고승 진영	59 미륵불
101 마애불	110 통도사	117 영산재	119 지옥도	123 산사의 하루
124 반가사유상	127 불국사	132 금동불	135 만다라	145 해인사
150 송광사	154 범어사	155 대흥사	156 법주사	157 운주사
171 부석사	178 철불	180 불교 의식구	220 전탑	221 마곡사
230 갑사와 동학사	236 선암사	237 금산사	240 수덕사	241 화엄사
244 다비와 사리	249 선운사	255 한국의 가사	272 청평사	

음식 일반(분류번호:201)

60 전통 음식	61 팔도 음식	62 떡과 과자	63 겨울 음식	64 봄가을 음식
65 여름 음식	66 명절 음식	166 궁중음식과 서울음식		207 통과 의례 음식
214 제주도 음식	215 김치	253 장醬	273 밑반찬